普通高等教育"十三五"规划教材

计算机科学导论实践教程

甘　勇　尚展垒　等编著

电子工业出版社
Publishing House of Electronics Industry
北京·BEIJING

内 容 简 介

本书是根据教育部高等学校计算机科学与技术教学指导委员会颁布的《高等学校计算机科学与技术专业发展战略研究报告暨专业规范》及《关于进一步加强高等学校计算机基础教学的意见暨计算机基础课程教学基本要求》中有关计算机科学导论的有关教学要求编写的。《计算机科学导论》作为计算机科学与技术专业 16 门核心课程的第一门课程被提出"该门课程应使学生了解专业特点，形成专业的思维方式和学习方法，掌握基本的操作技能"。这就要求《计算机科学导论》同计算机专业多数的其他课程一样，也要既有理论又有实践。同时根据多所普通高校的实际情况编写的。全书共分 10 章，主要内容包括：计算机操作基础、常用办公软件 Word 2013、电子表格 Excel 2013、演示文稿 PowerPoint 2013、多媒体技术及应用、程序设计基础、数据库基础、计算机网络与 Internet 应用基础、网页制作、常用工具软件。

本书密切结合《计算机科学导论》课程的实践教学要求，兼顾计算机软件和硬件的最新发展；结构严谨，层次分明，叙述准确。本书可作为高校计算机专业"计算机科学导论"实践课程的教材，也可作为计算机技术培训用书和计算机爱好者自学用书。

未经许可，不得以任何方式复制或抄袭本书之部分或全部内容。

版权所有，侵权必究。

图书在版编目（CIP）数据

计算机科学导论实践教程 / 甘勇等编著. —北京：电子工业出版社，2016.9

ISBN 978-7-121-28968-2

Ⅰ. ①计… Ⅱ. ①甘… Ⅲ. ①电子计算机—高等学校—教学参考资料 Ⅳ. ①TP3

中国版本图书馆 CIP 数据核字（2016）第 124605 号

策划编辑：袁　玺
责任编辑：郝黎明
印　　刷：北京虎彩文化传播有限公司
装　　订：北京虎彩文化传播有限公司
出版发行：电子工业出版社
　　　　　北京市海淀区万寿路 173 信箱　邮编　100036
开　　本：787×1 092　1/16　印张：13.25　字数：339.2 千字
版　　次：2016 年 9 月第 1 版
印　　次：2024 年 9 月第 9 次印刷
定　　价：29.00 元

凡所购买电子工业出版社图书有缺损问题，请向购买书店调换。若书店售缺，请与本社发行部联系，联系及邮购电话：（010）88254888，88258888。

质量投诉请发邮件至 zlts@phei.com.cn，盗版侵权举报请发邮件至 dbqq@phei.com.cn。

本书咨询联系方式：（010）88254536。

前　　言

　　计算机科学与技术的发展及应用是 21 世纪影响人类生活的最主要变革，计算机在当今社会生活中有着极其重要的地位，计算机与人类的生活息息相关，是必不可缺的工作和生活的工具，从事计算机及相关技术开发的人群越来越多，因此，对计算机科学技术的相关专业知识有一个全面的认识，是预从事计算机技术专业人员的入门认知需要。

　　计算机科学导论是高等院校计算机及相关专业的重要基础课程。目前，对于大多数从事计算机及相关专业的学生来说，在开始阶段，由于他们对计算机认知上的不同，往往会走很多弯路，甚至到了大学二年级，他们对计算机专业应该掌握什么知识，还没有一个清醒的认识。计算机专业学习的内容并不是怎么操作计算机及如何使用软件，而是要了解计算机运行的一些原理和机制，熟悉软件的开发过程和运行维护。

　　本书作为一本计算机及相关专业的入门读物，内容丰富，知识覆盖面广，涉及计算机专业几乎所有课程的主要内容。本书的重点是对计算机专业领域的认知学习，以通俗的语言讲述计算机专业知识中的基本原理、概念和方法。力求读者能以更轻松的心情阅读本本书。

　　计算机科学导论实践教程是"计算机科学导论"课程教学的重要实践环节。强调实践操作的内容、方法和步骤。目的在于让学生掌握基本理论的同时，掌握每个章节的知识要点，提高动手操作能力，对知识进行全面的了解和掌握。通过上机实践使学生熟练掌握计算机的基本操作，熟练掌握常用软件的使用，增加学生的实际动手能力，为学生学习其他计算机科学与技术专业课程打下良好基础。通过实践学生应掌握计算机导论的基本内容和方法。通过对各部分实验的具体操作练习，能够熟练地使用中文 Windows 7 系统平台，熟练地将 Office 2013 等软件应用于以后的学习生活中，并学会利用计算机网络进行信息检索和信息交流，能够熟练使用程序语言进行简单的程序设计。

　　本实践课程的任务是：

　1. 培养学生的科学实验能力。

　（1）通过阅读教材和资料，做好实验前的准备——自学能力。

　（2）根据所学知识，完成实验要求——动手能力。

　（3）能够完成简单的具有设计性内容的实验——设计能力。

　（4）能够对实验要求进行初步分析判断——分析能力。

　（5）能够对实验进行功能性拓展——创新能力。

　2. 培养与提高学生的科学素养——实事求是的科学作风、严肃认真的工作态度、主动研究的探索精神。在计算机软、硬件开发工程实践过程中具有明确的环保意识和可持续发展理念。能够理解和评价针对复杂工程问题的计算机软、硬件工程实践对环境和社会可持续发展的影响。

全书共分两大部分，第 1 部分为与主教材对应的各章实验指导，详细讲解了在《计算机科学导论》教材中提到的 Windows 7 和 Microsoft Office 2013 两个软件的使用，第 2 部分为主教材各章习题参考答案。内容密切结合了国家教育部关于该课程的基本教学要求，兼顾计算机软件和硬件的最新发展，结构严谨，层次分明。在教学内容上，各高校可根据教学学时、学生的实际情况进行选取。

本书由甘勇、尚展垒等编著。其中，郑州轻工业学院的甘勇、尚展垒担任主编，郑州轻工业学院的韩丽、常化文、朱会东担任副主编，参加本书编写的还有郑州轻工业学院的王华、孟颖辉、南姣芬。本书第 1 部分的各章节编写安排如下：第 1 章由王华编写，第 2 章由韩丽编写，第 3 章由常化文编写，第 4、7 章由孟颖辉编写，第 5 章由甘勇和尚展垒编写，第 6、9 章由朱会东编写，第 8、10 章由南姣芬编写；本书的第 2 部分由王华编写。韩丽负责本书的统稿和组织工作。本书在编写过程中得到了郑州轻工业学院、河南省高等学校计算机教育会以及电子工业出版社的大力支持和帮助，在此由衷地向他们表示感谢！

由于编者水平有限，书中难免有不足和疏漏之处，敬请广大读者批评指正。

编者

2016 年 9 月

目　　录

第 1 部分　实验指导

第 2 部分　习题参考答案

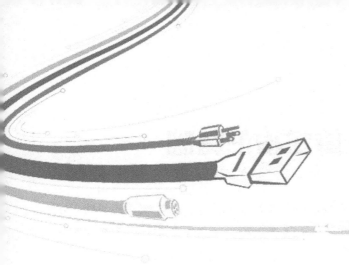

第 1 部分

实 验 指 导

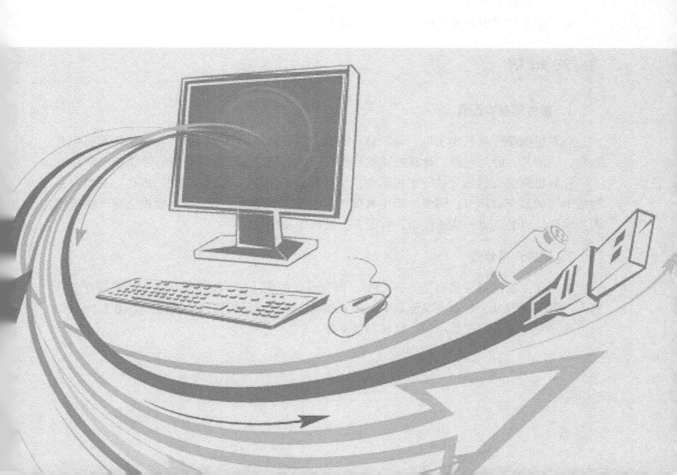

第 1 章　计算机操作基础

本章主要讲述计算机各部件的连接以及 Windows 7 的基本操作。通过本章的实验，学生将对计算机硬件有一定的了解和认识，并熟练掌握 Windows 7 的常用操作以及一些必要的软、硬件设置。

实验 1　计算机硬件的认识与连接

实验学时

实验学时：1 学时。

实验目的

➤ 了解微型计算机的基本硬件及组成部件；
➤ 了解计算机系统各个硬件部件的基本功能；
➤ 掌握计算型计算机的硬件连接步骤及安装过程。

相关知识

1．硬件的基本配置

计算机的硬件系统由主机、显示器、键盘、鼠标组成。具有多媒体功能的计算机配有音箱、话筒等。除此之外，计算机还可外接打印机、扫描仪、数码照相机等设备。

计算机最主要的部分位于主机箱中，如计算机的主板、电源、CPU、内存、硬盘、各种插卡（如显卡、声卡、网卡）等主要部件都安装在机箱中。机箱的前面板上有一些按钮和指示灯，有的还有一些插接口，背面有一些插槽和接口。

2．硬件连接步骤

首先在主板的对应插槽里安装 CPU、内存条，如图 1.1 所示，然后把主板安装在主机箱内，再安装硬盘、光驱，以及显卡、声卡和网卡等，连接机箱内的接线，如图 1.2 所示，最后连接外部设备，如显示器、鼠标和键盘等。

图 1.1　计算机主板

图 1.2　计算机主机箱内部

1）安装电源

把电源（图 1.3）放在机箱内的电源固定架上，使电源上的
螺钉孔和机箱上的螺钉孔一一对应，然后拧上螺钉。

2）安装 CPU

CPU（图 1.4、图 1.5）插槽是一个布满均匀圆形小孔的方形
插槽，根据 CPU 的针脚和 CPU 插槽上插孔的位置对应关系确定
CPU 的安装方向。拉起 CPU 插槽边上的拉杆，将 CPU 缺针位置
对准 CPU 插槽相应位置，待 CPU 针脚完全放入后，按下拉杆至
水平方向，锁紧 CPU。涂抹散热硅胶并安装散热器，然后将风扇电源线插头插到主板上的
CPU 风扇插座上。

图 1.3　电源

图 1.4　CPU 正面

图 1.5　CPU 背面

3）安装内存

内存（图 1.6）插槽是长条形的插槽，内存插槽中间有一个用于定位的凸起部分，按照
内存插脚上的缺口位置将内存条压入内存插槽，使插槽两
端的卡子完全卡住内存条即可。

4）安装主板

首先，将机箱自带的金属螺柱拧入主板支撑板的螺钉
孔中，将主板放入机箱，注意主板上的固定孔对准拧入的
螺柱，主板的接口区对准机箱背板的对应接口孔。其次，
边调整位置边依次拧紧螺钉固定主板。

5）安装光驱、硬盘

拆下机箱前部与要安装光驱位置对应的挡板，将光驱

图 1.6　内存

（图 1.7）从前面板平行推入机箱内部，边调整位置边拧紧螺钉把光驱固定在托架上。使用同样的方法从机箱内部将硬盘（图 1.8）推入并固定于托架上。

图 1.7　光驱　　　　　　　　　　　图 1.8　硬盘

6）安装各种板卡

根据显卡（图 1.9）、声卡（图 1.10）和网卡（图 1.11）等板卡的接口（PCI 接口、AGP 接口、PCI-E 接口等）确定不同板卡对应的插槽（PCI 插槽、AGP 插槽、PCI-E 插槽等），取下机箱后部与插槽对应的金属挡片，将相应板卡插脚对准对应插槽，板卡挡板对准机箱后部的挡片孔，用力将板卡压入插槽中，并拧紧螺钉将板卡固定在机箱上。

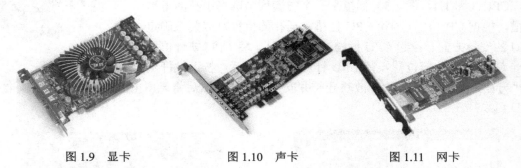

图 1.9　显卡　　　　　　　　图 1.10　声卡　　　　　　　　图 1.11　网卡

7）连接机箱内部连线

① 连接主板电源线：把电源上的供电插头（20 芯或 24 芯）插入主板对应的电源插槽中。电源插头设计了一个防止插反和固定作用的卡扣，连接时，注意保持卡扣和卡座在同一方向上。为了给 CPU 提供更强、更稳定的电压，目前主板会提供一个给 CPU 单独供电的接口（4 针、6 针或 8 针），连接时，把电源上的插头插入主板 CPU 附近对应的电源插座上。

② 连接主板上的数据线和电源线：包括硬盘、光驱等的数据线和电源线。

硬盘数据线如图 1.12 所示。根据硬盘接口类型不同，硬盘数据线也分为 PATA 硬盘采用的 80 芯扁平 IDE 数据排线和 SATA 硬盘采用的 7 芯数据线。由于 80 芯数据线的接头中间设计了一个凸起部分，7 芯数据线接头是 L 形防呆盲插接头设计，因此通过这些可识别接头的插入方向，将数据线上的一个插头插入主板上的 IDE1 插座或 SATA1 插座，将数据线另一端插头插入到硬盘的数据接口中，插入方向由插头上的凸起部分或 L 形定位。

光驱的数据线连接方法与硬盘数据线连接方法相同，把数据排线插到主板上的另一个 IDE 插座或 SATA 插座上。

硬盘、光驱的电源线如图 1.13 所示。把电源上提供的电源线插头分别插到硬盘和光驱上。电源插头都是防呆设计的，只有正确的方向才能插入，因此不用害怕插反。

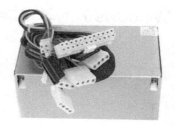

图 1.12　数据线　　　　　　　　　　图 1.13　电源线

③ 连接主板信号线和控制线，包括 POWER SW（开机信号线）、POWER LED（电源指示灯线）、HDD LED（硬盘指示灯线）、RESET SW（复位信号线）、SPEAKER（前置报警器线）等，如图 1.14 所示。把信号线插头分别插到主板对应的插针上（一般在主板边沿处，并有相应标示）。其中，电源开关线和复位按钮线没有正负极之分；前置报警器线是四针结构，红线为+5V 供电线，与主板上的+5V 接口对应；硬盘指示灯和电源指示灯区分正负极，一般情况下，红色代表正极。

8）连接外部设备

① 连接显示器：如果是 CRT 显示器，把旋转底座固定到显示器底部，然后把视频信号线连接到主机背部面板（图 1.15）的 15 针 D 形视频信号插座上（如果是集成显卡主板，则该插座在 I/O 接口区；如果采用独立显卡，则该插座在显卡挡板上），最后连接显示器电源线。

② 连接键盘和鼠标：鼠标、键盘 PS/2 接口位于机箱背部 I/O 接口区。连接时可根据插头、插槽颜色和图形标示来区分，紫色为键盘接口，绿色为鼠标接口。USB 接口的鼠标插到任意一个 USB 接口上即可。

③ 连接音箱/耳机：独立声卡或集成声卡通常有 LINE IN（线路输入）、MIC IN（麦克风输入）、SPEAKER OUT（扬声器输出）、LINE OUT（线路输出）等插孔。若外接有源音箱，可将其接到 LINE OUT 插孔，否则接到 SPEAKER OUT 插孔。耳机可接到 SPEAKER OUT 插孔或 LINE OUT 插孔上。

以上步骤完成后，微机系统的硬件部分就基本安装完毕了。

图 1.14　主板信号线和控制线　　　　　图 1.15　主机背部面板

 实验要求

观察 PC 的组成；掌握主板各部件的名称、功能等，了解主板上常用接口的功能、外观形状、颜色、插针数和防插反措施；熟悉常用外部设备的连接方法，注意区分不同设备的接口颜色和形状。

实验 2 Windows 7 的基本操作

实验学时

实验学时：2 学时。

实验目的

➢ 了解 Windows 7 的桌面及其组成；
➢ 掌握鼠标的操作及使用方法；
➢ 熟练掌握任务栏和"开始"菜单的基本操作、Windows 7 窗口操作、管理文件和文件夹的方法；
➢ 掌握 Windows 7 中新一代文件管理系统-库的使用；
➢ 掌握启动应用程序的常用方法；
➢ 掌握中文输入法以及系统日期/时间的设置方法；
➢ 掌握 Windows 7 中附件的使用。

相关知识

1．Windows 7 桌面

"桌面"就是用户启动计算机登录到系统后看到的整个屏幕界面，如图 1.16 所示，它是用户和计算机进行交流的窗口，可以放置经常用到的应用程序和文件夹图标，用户可以根据自己的需要在桌面上添加各种快捷图标，在使用时双击图标就能够快速启动相应的程序或文件。以 Windows 7 桌面为起点，用户可以有效地管理自己的计算机。

第一次启动 Windows 7 时，桌面上只有"回收站"图标，"计算机"、"Internet Explorer"、"我的文档"、"网上邻居"等图标被整理到了"开始"菜单中。桌面最下方的小长条是 Windows 7 系统的任务栏，它显示系统正在运行的程序和当前时间等内容，用户也可以对它进行一系列的设置。"任务栏"的左端是"开始"按钮，右边是语言栏、工具栏、通知区域和时钟区等，最右端是显示桌面按钮，中间是应用程序按钮分布区，如图 1.17 所示。

图 1.16　Window 7 桌面

图 1.17　Window 7 任务栏

单击任务栏中的"开始"按钮可以打开"开始"菜单,"开始"菜单左边是常用程序的快捷列表,右边为系统工具和文件管理工具列表。在 Windows 7 中取消了 Windows XP 中的快速启动栏,用户可以直接通过鼠标拖动把程序附加在任务栏上快速启动。应用程序按钮分布区表明当前运行的程序和打开的窗口;语言栏便于用户快速选择各种语言输入法,语言栏可以最小化在任务栏中显示,也可以使其还原,独立于任务栏之外;工具栏显示用户添加到任务栏中的工具,如地址、链接等。

2．驱动器、文件和文件夹

在计算机领域,驱动器指的是磁盘驱动器,是通过某个文件系统格式化并带有一个标识名的存储区域。存储区域可以是可移动磁盘、光盘、硬盘等,驱动器的名称是用单个英文字母表示的,当有多个硬盘或将一个硬盘划分成多个分区时,通常按字母顺序依次标识为 C、D、E 等。

文件是有名称的一组相关信息的集合,程序和数据都是以文件的形式存放在计算机的硬盘中的。每个文件都有一个文件名,文件名由主文件名和扩展名两部分组成,操作系统通过文件名对文件进行存取。

文件夹是文件分类存储的"抽屉",它可以分门别类地管理文件。文件夹在显示时,也用图标显示,包含不同内容的文件夹在显示时的图标是不太一样的。

3．资源管理器

资源管理器是 Windows 系统提供的资源管理工具,可以用它查看本台计算机的所有资源,特别是它提供的树形的文件系统结构,能更清楚、更直观地查看和使用文件及文件夹。资源管理器主要由地址栏、搜索栏、工具栏、导航窗格、资源管理窗格、预览窗格以及细节窗格 7 部分组成,如图 1.18 所示。导航窗格能够辅助用户在磁盘、库中切换。预览窗格是 Windows 7 中的一项改进,它在默认情况下不显示,可以通过单击工具栏右端的"显示/隐藏预览窗格"按钮来显示或隐藏预览窗格。资源管理窗格是用户进行操作的主要地方,用户可进行选择、打开、复制、移动、创建、删除、重命名等操作。同时,根据显示的内容,在资源管理窗格的上部会显示相关操作。

图 1.18　资源管理器

1．Windows 7 环境下的鼠标基本操作

（1）指向：移动鼠标，将鼠标指针移到操作对象上，通常会激活对象或显示该对象的有关提示信息。

操作：将鼠标指针移向桌面上的"计算机"图标，如图 1.19 所示。

（2）单击：快速按下并释放鼠标左键，用于选定操作对象。

操作：在"计算机"图标上单击，可选中"计算机"，如图 1.20 所示。

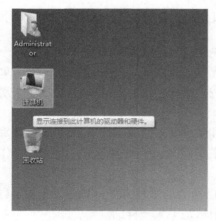

图 1.19　鼠标的指向操作　　　　　　　　图 1.20　单击操作

（3）右击：快速按下并释放鼠标右键，用于打开相关的快捷菜单。

操作：在"计算机"图标上右击，弹出快捷菜单，如图 1.21 所示。

（4）双击：连续两次快速单击，用于打开窗口或启动应用程序。

操作：在"计算机"图标上双击，观察操作系统的响应。

（5）拖动：鼠标指针指向操作对象后按住左键不松，然后移动鼠标到指定位置再释放按键，用于复制或移动操作对象等。

操作：把"计算机"图标拖动到桌面其他位置，操作过程中图标的变化如图 1.22 所示。

图 1.21　右击操作　　　　　　　　图 1.22　拖动操作

2．执行应用程序的方法

方法一：对 Windows 自带的应用程序，可通过选择"开始"|"所有程序"指令，再选择相应的指令来执行。

方法二：在"计算机"中找到要执行的应用程序文件并双击（也可以选中之后按 Enter 键；也可右击程序文件，在弹出的快捷菜单中选择"打开"选项）。

方法三：双击应用程序对应的快捷方式图标。

方法四：选择"开始"|"运行"选项，在命令行中输入相应的选项后单击"确定"按钮。

3．启动"资源管理器"的方法

方法一：双击桌面上的"计算机"图标。

方法二：Windows（键盘上有视窗图标的键）+E 组合键。

方法三：右击"开始"按钮，选择"打开 Windows 资源管理器"。

方法四：双击桌面上的"网络"图标。如果在桌面上没有"网络"图标，可以在桌面空白处右击，选择快捷菜单中的"个性化"命令，在之后显示的窗口中选择"更改桌面图标"选项，此时会弹出"桌面图标设置"对话框，选中该对话框中的"网络"复选框后单击"确定"按钮，即可将"网络"图标添加到桌面上。

4．多个文件或文件夹的选取

（1）选择单个文件或文件夹：单击相应的文件或文件夹图标。

（2）选择连续的多个文件或文件夹：单击第 1 个要选定的文件或文件夹，然后按住 Shift 键的同时单击最后 1 个文件或文件夹，则它们之间的文件或文件夹就被选中了。

（3）选择不连续的多个文件或文件夹：单击第 1 个要选定的文件或文件夹，然后按住 Ctrl 键的同时单击其他待选定的文件或文件夹。

5．Windows 窗口的基本操作

1）窗口的最小化、最大化、关闭

打开"资源管理器"窗口，单击窗口右上角的"最小化"按钮 ▭ ，则"资源管理器"窗口即可最小化为任务栏上的一个图标。

打开"资源管理器"窗口，单击窗口右上角的"最大化"按钮 ▢ ，则"资源管理器"窗口会占满整个桌面；此时，"最大化"按钮变为"还原"按钮 ▢ 。

打开"资源管理器"窗口，单击窗口右上角的"关闭"按钮 ✕ ，则"资源管理器"窗口会被关闭。

2）排列与切换窗口

① 双击桌面上的"计算机"和"回收站"图标，在桌面上同时打开这 2 个窗口。

② 右击任务栏空白区域，弹出任务栏快捷菜单。

③ 选择任务栏快捷菜单中的"层叠窗口"选项，可将所有打开的窗口层叠在一起，如图 1.23 所示，单击某个窗口的标题栏，可将该窗口显示在其他窗口之上。

④ 单击任务栏快捷菜单中的"堆叠显示窗口"选项，可在屏幕上横向平铺所有打开的

窗口，可以同时看到所有窗口中的内容，如图 1.24 所示，用户可以很方便地在两个窗口之间进行复制和移动文件的操作。

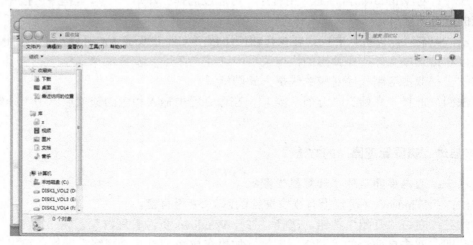

图 1.23　层叠窗口

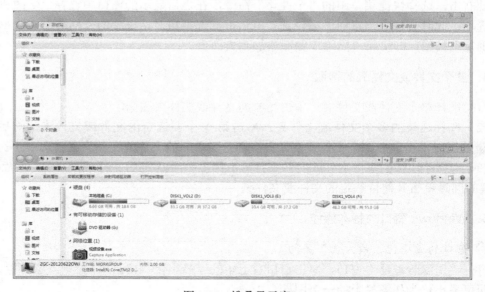

图 1.24　堆叠显示窗口

⑤ 单击任务栏快捷菜单中的"并排显示窗口"选项，可在屏幕上并排显示所有打开的窗口，如果打开的窗口多于两个，则将以多排显示，如图 1.25 所示。

⑥ 切换窗口。按住 Alt 键，再按下 Tab 键，屏幕会弹出一个任务框，框中排列着当前打开的各窗口的图标，按住 Alt 键的同时每按一次 Tab 键，就会顺序选中一个窗口图标。选中所需窗口图标后，释放 Alt 键，相应窗口即被激活为当前窗口。

6．库的使用

库是 Windows 7 操作系统最大的亮点之一，它彻底改变了人们的文件管理方式，使死板的文件夹方式变得更为灵活和方便。库可以集中管理视频、文档、音乐、图片和其他文件。在某些方面，库类似传统的文件夹，但与文件夹不同的是，库可以收集存储在任意位置的文件。

图 1.25　并排显示窗口

1）Windows 7 库的组成

Windows 7 默认包含视频、图片、文档和音乐 4 个库，当然，用户也可以创建新库。要创建新库，先要打开"资源管理器"窗口，然后单击导航窗格中的"库"，单击工具栏中的"新建库"按钮后直接输入库名称即可。

在"资源管理器"窗口中，选中一个库后右击，在弹出的快捷菜单中选择"属性"选项，即可在之后弹出的对话框的"库位置"选项组中看到当前所选的库的默认路径。可以通过该对话框中的"包含文件夹"按钮添加新的文件夹到所选库中。

2）Windows 7 库的添加、删除和重命名

① 添加指定内容到库中：要将某个文件夹的内容添加到指定库中，只需在目标文件夹上右击，在弹出的快捷菜单中选择"包含到库中"选项，之后根据需要在子菜单中选择一个库名即可。通过子菜单中的"创建新库"选项可以将所选文件夹内容添加至一个新建的库中，新库的名称与文件夹的名称相同。

② 删除与重命名库：要删除或重命名库只需在该库上右击，选择弹出的快捷菜单中的"删除"或"重命名"选项即可。删除库不会删除原始文件，只是删除库链接而已。

实验要求

按照实验步骤完成实验，观察设置效果后，将各项设置恢复到原来的设置。

任务 1　认识 Windows 7

1. 启动 Windows 7

（1）打开外设电源开关，如显示器。

（2）打开主机电源开关。

（3）计算机开始进行自检，然后引导 Windows 7 操作系统，若设置登录密码，则引导 Windows 7 后，会进入登录验证界面，单击用户账号会出现密码输入框，输入正确的密码后按 Enter 键可正常进入 Windows 7 系统；若没有设置登录密码，则系统会自动进入 Windows 7。

提示：在系统启动的过程中，若计算机安装有管理软件（如机房管理软件），则要输入相应的用户名和密码。

2. 重新启动或关闭计算机

单击"开始"按钮，选择"关机"选项即可直接将计算机关闭。单击该选项右侧的箭头图标，则会出现相应的子菜单，其中默认包含以下 5 个选项。

（1）切换用户：当存在两个或两个以上用户的时候可通过此按钮进行多用户的切换操作。

（2）注销：用来注销当前用户，以备下一个用户使用或防止数据被其他人操作。

（3）锁定：锁定当前用户。锁定后需要重新输入密码认证才能正常使用。

（4）重新启动：当用户需要重新启动计算机时，应选择"重新启动"选项。系统将结束当前的所有会话，关闭 Windows，然后自动重新启动系统。

（5）睡眠：当用户短时间不用计算机又不希望别人以自己的身份使用计算机时，应选择此选项。系统将保持当前的状态并进入低耗电状态。

任务 2　自定义 Windows 7

1. 自定义"开始"菜单

请按以下步骤对"开始"菜单进行设置。

（1）右击"开始"按钮，在弹出的快捷菜单中选择"属性"选项，弹出"任务栏和「开始」菜单属性"对话框，如图 1.26 所示。

（2）单击"自定义"按钮，弹出"自定义「开始」菜单"对话框。

（3）选中"控制面板"中的"显示为菜单"单选按钮，如图 1.27 所示，依次单击"确定"按钮。返回桌面，打开"开始"菜单并观察其变化，特别是"开始"菜单中"控制面板"选项的变化。

（4）再次弹出如图 1.27 所示的对话框，选中该对话框中滚动条区域底部的"最近使用的项目"复选框。

（5）依次单击"确定"按钮。返回桌面，打开"开始"菜单，会发现在"开始"菜单中新增了一个"最近使用的项目"选项。

2. 自定义任务栏中的工具栏

请按以下步骤对工具栏进行设置。

（1）在任务栏空白处右击，弹出快捷菜单。

（2）把鼠标移到快捷菜单中的"工具栏"处，此时显示"工具栏"子菜单，如图 1.28 所示。

（3）选择"工具栏"子菜单中的"地址"选项后，观察任务栏的变化。

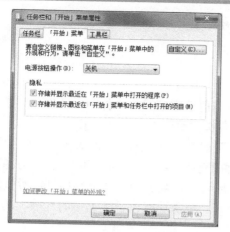 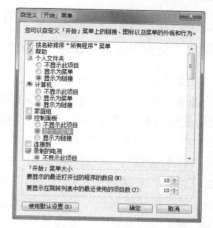

图 1.26　"任务栏和「开始」菜单属性"对话框　　　图 1.27　"自定义「开始」菜单"对话框

3. 自定义任务栏外观

请按以下步骤对任务栏进行设置。

（1）在任务栏空白处右击，在弹出的快捷菜单中选择"属性"选项，弹出"任务栏和「开始」菜单属性"对话框，选择"任务栏"选项卡，如图 1.29 所示。

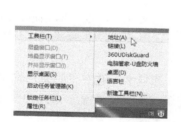 

图 1.28　任务栏右键快捷菜单　　　　　图 1.29　"任务栏"选项卡

（2）在"任务栏外观"选项组中，分别有"锁定任务栏"、"自动隐藏任务栏"、"使用小图标" 3 个复选框，更改各个复选框的状态后，单击"确定"按钮返回桌面，观察任务栏的变化。

（3）选择"任务栏外观"选项组下方的"屏幕上的任务栏位置"下拉列表中的选项可以更改任务栏在桌面上的位置，如上、下、左或右；通过选择"任务栏按钮"下拉列表中的选项可以设置任务栏上所显示的窗口图标是否合并以及何时合并等。

（4）通过"通知区域"选项组中的"自定义"按钮可以显示或隐藏任务栏中通知区域中的图标和通知。通过"使用 Aero Peek 预览桌面"复选框可以选择是否使用 Aero Peek 预览桌面。

（5）更改任务栏大小：在任务栏空白处右击，在弹出的快捷菜单中取消"锁定任务栏"选项前的"√"。当任务栏位于窗口底部时，将鼠标指针指向任务栏的上边缘，当鼠标的指针变为双向箭头"🔼"时，向上拖动任务栏的上边缘即可改变任务栏的大小。

以上内容请同学们自己上机逐步操作、观察结果并加以体会。

任务3　文件和文件夹管理

1．改变文件和文件夹的显示方式

"资源管理器"窗口的资源管理窗格中显示当前选定项目的文件和文件夹的列表，可改变它们的显示方式。请按以下步骤对文件和文件夹的显示方式进行设置。

（1）在"资源管理器"窗口中打开"查看"菜单，依次选择"超大图标"、"大图标"、"列表"、"详细信息"、"平铺"等选项，观察资源管理窗格中文件和文件夹显示方式的变化。

（2）选择"查看"→"分组依据"选项，通过之后显示的子菜单选项可以对资源管理窗格中的文件和文件夹进行分组，如图1.30所示。依次选择该子菜单中的选项，观察资源管理窗格中文件和文件夹显示方式的变化。

（3）选择"查看"→"排序方式"选项，通过之后显示的子菜单选项可以对资源管理窗格中的文件和文件夹进行排序显示，如图1.31所示。依次选择该子菜单中的选项，观察资源管理窗格中文件和文件夹显示方式的变化。

图1.30　"分组依据"子菜单　　　图1.31　"排序方式"子菜单

（4）选择"工具"→"文件夹选项"选项，弹出"文件夹选项"对话框。改变"浏览文件夹"和"打开项目的方式"中的选项，单击"确定"按钮，之后试着打开不同的文件夹和文件，观察显示方式及打开方式的变化。

（5）在"文件夹选项"对话框中，选择"查看"选项卡，选中"隐藏已知文件类型的扩展名"复选框，如图1.32所示，单击"确定"按钮，观察文件显示方式的变化。

图1.32　"文件夹选项"对话框

2. 创建文件夹和文件

在 E 盘中创建新文件夹以及为文件夹创建新文件的步骤如下。

（1）打开"资源管理器"窗口。

（2）选择创建新文件夹的位置。在导航窗格中单击 E 盘图标，资源管理窗格中将显示 E 盘根目录下的所有文件和文件夹。

（3）创建新文件夹有以下方法。

方法一：在资源管理窗格空白处右击，弹出快捷菜单，在快捷菜单中选择"新建"→"文件夹"选项，然后输入文件夹名称"My Folder1"，按 Enter 键即可完成。

方法二：选择菜单"文件"→"新建"→"文件夹"选项，然后输入文件夹名称"My Folder1"，按回车键即可完成。

（4）双击新建好的"My Folder1"文件夹，打开该文件夹窗口，在资源管理窗格空白处右击，弹出快捷菜单，在快捷菜单中选择"新建"→"文本文档"选项，然后输入文件名称"My File1"，按 Enter 键完成。

（5）使用同样的方法在 E 盘根目录下创建"My Folder2"文件夹，并在"My Folder2"文件夹下创建文本文件"My File2"。

3. 复制和移动文件和文件夹

请按以下步骤练习文件的复制、粘贴等操作。

（1）打开"资源管理器"窗口。

（2）找到并进入"My Folder2"文件夹，选中"My File2"文件。

（3）选择"编辑"→"复制"选项或按 Ctrl+C 组合键或右击，在快捷菜单中选择"复制"选项，此时，"My File2"文件被复制到剪贴板中。

（4）进入"My Folder1"文件夹。

（5）选择"编辑"→"粘贴"选项或按 Ctrl+V 组合键或右击，在快捷菜单中选择"粘贴"选项，此时，"My File2"文件被复制到目的文件夹"My Folder1"中。

移动文件的步骤与复制基本相同，只需将第（3）步中的"复制"选项改为"剪切"或将 Ctrl+C 组合键改为 Ctrl+X 组合键。

4. 重命名、删除文件和文件夹

请按以下步骤练习文件和文件夹的删除和重命名操作。

（1）打开"资源管理器"窗口，找到并进入"My Folder1"文件夹，选中"My File2"文件。

（2）选择"文件"→"重命名"选项或右击，在快捷菜单中选择"重命名"选项，输入"My File3"后按 Enter 键结束。

（3）选择"My File3"文件，选择"文件"→"删除"选项或直接在键盘上按 Del 或 Delete 键，在弹出的"删除文件"对话框中，单击"是"按钮即可删除所选文件。

注意：这种文件删除方法只是把要删除的文件转移到了"回收站"中，如果需要真正地删除该文件，可在执行删除操作的同时按 Shift 键。

（4）双击桌面上的"回收站"图标，在"回收站"窗口中选中刚才被删除的文件，单击工具栏中的"还原此项目"按钮，该文件即可被还原到原来的位置。

（5）在"回收站"窗口中单击工具栏中的"清空回收站"按钮，在对话框中确认删除后，回收站中所有的文件均被彻底删除，无法再还原。

文件夹的操作与文件的操作基本相同，只是文件夹在复制、移动、删除的过程中，文件夹中所包含的所有子文件以及子文件夹都将进行相同的操作。

任务 4　运行"画图"应用程序

选择"开始"→"所有程序"→"附件"→"画图"选项，即可运行画图程序，如图 1.33 所示。

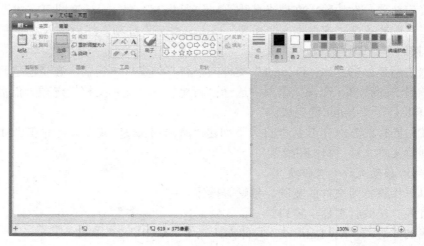

图 1.33　画图窗口

在"主页"选项卡中显示的是主要的绘图工具，包含剪贴板、图像、工具、形状、粗细和颜色功能模块，提供给用户对图片进行编辑和绘制的功能。请同学们依次练习绘图工具的使用，注意画形状时形状轮廓及形状填充的使用。

任务 5　添加和删除输入法

请按以下步骤操作，为系统添加"简体中文全拼"输入法并删除"简体中文郑码"输入法（如果已安装此输入法）。

（1）右击任务栏上的语言栏，弹出语言栏快捷菜单，如图 1.34 所示。

（2）选择"设置"选项，弹出"文本服务和输入语言"对话框，如图 1.35 所示。

图 1.34　语言栏快捷菜单

图 1.35　"文本服务和输入语言"对话框

（3）单击"添加"按钮，弹出"添加输入语言"对话框，选中列表框中的"简体中文全拼"复选框，依次单击"确定"按钮使设置生效。

（4）单击任务栏中的语言栏图标，可看到新添加的"简体中文全拼"输入法。

（5）再次弹出图 1.35 所示的"文本服务和输入语言"对话框，选择"已安装的服务"选项组中的"简体中文郑码"，单击"删除"按钮即可将该输入法删除。

任务 6 更改系统日期、时间及时区

请按以下步骤操作，将系统日期设为"2016 年 6 月 30 日"，系统时间设为"16:20:30"，时区设为"吉隆坡，新加坡"。

（1）右击任务栏最右侧的时间，选择弹出的快捷菜单中的"调整日期/时间"选项，弹出"日期和时间"对话框。

（2）单击"更改日期和时间"按钮，弹出"日期和时间设置"对话框，依次更改年份为"2016"，月份为"六月"，日期为"30"，时间为"16:20:30"，依次单击"确定"按钮关闭对话框。

（3）观察任务栏右侧的显示时间，已经发生改变。

（4）再次弹出"日期和时间"对话框，单击"更改时区"按钮，弹出"时区设置"对话框，在"时区"下拉列表中选择"(UTC+08:00)吉隆坡，新加坡"选项，依次单击"确定"按钮使设置生效。

实验 3 Windows 7 的高级操作

实验学时

实验学时：2 学时。

实验目的

➢ 掌握控制面板的使用方法；
➢ 掌握 Windows 7 中外观和个性化设置的基本方法；
➢ 掌握用户账户管理的基本方法；
➢ 掌握打印机的安装及设置方法；
➢ 掌握 Windows 7 中磁盘清理和碎片整理的优化和维护系统的方法。

相关知识

1. 控制面板

控制面板集中了用来配置系统的全部应用程序，它允许用户查看并进行计算机系统软、硬件的设置和控制，因此，对系统环境进行调整和设置的时候，一般要通过"控制面板"进行，如添加硬件、添加/删除软件、控制用户账户、外观和个性化设置等。Windows 7 提

供了类别视图和图标视图两种控制面板界面，其中，图标视图有两种显示方式：大图标和小图标。"类别视图"允许打开父项并对各个子项进行设置，如图 1.36 所示。在"图标视图"中能够更直观地看到计算机可以采用的各种设置，如图 1.37 所示。

图 1.36　控制面板"类别视图"界面

图 1.37　控制面板"图标视图"界面

2．账户管理

Windows 7 支持多用户管理，多个用户可以共享一台计算机，并且可以为每一个用户创建一个用户账户以及为每个用户配置独立的用户文件，从而使得每个用户登录计算机时，都可以进行个性化的环境设置。在控制面板中，单击"用户账户和家庭安全"图标，打开相应的窗口，可以实现用户账户、家长控制等管理功能。在"用户账户"中，可以更改当前账户的密码和图片、管理其他账户，也可以添加或删除用户账户。在"家长控制"中，可以为指定标准类型账户实施家长控制，主要包括时间控制、游戏控制和程序控制。在使用该功能时，必须为计算机管理员账户设置密码保护，否则一切设置将形同虚设。

3．磁盘管理

磁盘管理是一项计算机使用的常规任务，它以一组磁盘管理应用程序的形式提供给用户，包括查错程序、磁盘碎片整理程序、磁盘清理程序等。在 Windows 7 中没有提供一个单独的应用程序来管理磁盘，而是将磁盘管理集成到"计算机管理"中。通过右击桌面的"计算机"图标，在弹出的快捷菜单中选择"管理"选项即可打开"计算机管理"窗口，选择"存储"中的"磁盘管理"，将打开"磁盘管理"功能。利用磁盘管理工具可以一目了然地列出所有磁盘情况，并对各个磁盘分区进行管理操作。

1．设置控制面板视图方式

在 Windows 7 中控制面板的图标可以以类别视图或图标视图两种方式查看。选择"开始"→"控制面板"选项，打开"控制面板"窗口。通过窗口"查看方式"下拉列表可以在类别视图、大图标视图和小图标视图之间进行切换。

2．外观和个性化设置

请按以下步骤对 Windows 进行外观及个性化设置。

（1）在"控制面板"窗口中单击"外观和个性化"图标，打开"外观和个性化"设置窗口。

（2）单击"个性化"中的"更改主题"按钮，在之后显示的主题列表中选择不同的主题后观察桌面及窗口等的变化。

（3）单击"个性化"中的"更改桌面背景"按钮，在之后显示的图片列表中选择一张图片，并在"图片位置"下拉列表中选择"居中"选项后单击"保存修改"按钮，观察桌面的变化。

（4）单击"个性化"中的"更改屏幕保护程序"按钮，弹出"屏幕保护程序设置"对话框，如图 1.38 所示。选择"屏幕保护程序"下拉列表中的"三维文字"后，单击"设置"按钮，弹出"三维文字设置"对话框，如图 1.39 所示。在"自定义文字"中输入"欢迎使用 Windows 7"，设置旋转类型为"摇摆式"，单击"确定"按钮返回"屏幕保护程序设置"对话框，即可在预览区看到屏保效果，若要全屏预览，单击"预览"按钮即可。若要保存此设置，可单击"确定"按钮。

图 1.38　"屏幕保护程序设置"对话框

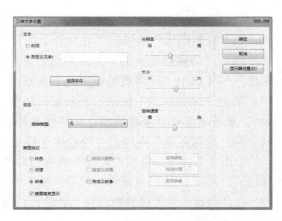

图 1.39　"三维文字设置"对话框

实 验 要 求

按照实验步骤完成实验，观察设置效果后，将设置恢复到原来的设置。

任务 1　设置个性化的 Windows 7 外观

1．更改桌面背景

在桌面空白处右击，在弹出的快捷菜单中选择"个性化"选项，打开"个性化"设置窗口，选择窗口下方的"桌面背景"图标，如图 1.40 所示。直接在图片下拉列表中选取一张图片并在"图片位置"下拉列表中选择"拉伸"选项，单击"保存修改"按钮即可。

如果要将多张图片设为桌面背景，则在图 1.40 中要按住 Ctrl 键依次选取多个图片文件，在"图片位置"下拉列表中选择"拉伸"选项，并在"更改图片时间间隔"下拉列表中更改间隔，如果希望多张图片无序播放，则可选中"无序播放"复选框，单击"保存修改"按钮使设置生效，返回到桌面上观察效果。

图 1.40　"桌面背景"设置窗口

2．更改窗口边框、"开始"菜单和任务栏的颜色和透明效果

（1）在"控制面板"中单击"外观和个性化"图标，打开"外观和个性化"设置窗口。

（2）单击"个性化"中的"更改半透明窗口颜色"按钮，在之后显示的颜色图标中单击"深红色"并选中"启用透明效果"复选框。

（3）单击"保存修改"按钮后观察窗口边框、"开始"菜单及任务栏的变化。

3．设置活动窗口标题栏的颜色和字体的颜色

（1）在"控制面板"中单击"外观和个性化"图标，打开"外观和个性化"设置窗口。

（2）单击"个性化"中的"更改半透明窗口颜色"按钮，在之后显示的窗口中单击"高级外观设置"按钮，弹出"窗口颜色和外观"对话框，如图 1.41 所示。

（3）在"项目"下拉列表中选择"活动窗口标题栏"选项，"颜色 1"选择"黑色"，"颜色 2"选择"白色"。

（4）在"字体"下拉列表中选择"华文新魏"选项，在"大小"下拉列表中选择"12"。

（5）单击"确定"按钮后观察活动窗口的变化。

任务 2　设置显示鼠标的指针轨迹并设为最长

（1）在"控制面板"中单击"硬件和声音"图标，打开"硬件和声音"设置窗口。

（2）单击"设备和打印机"中的"鼠标"按钮，弹出"鼠标 属性"对话框，选择"指针选项"选项卡，在"可见性"选项组中，选中"显示指针轨迹"复选框并拖动滑块至最右边，如图 1.42 所示。

图 1.41　"窗口颜色和外观"对话框

图 1.42　"鼠标 属性"对话框

（3）单击"确定"按钮。

任务 3　添加新用户

（1）在"控制面板"中单击"用户账户和家庭安全"中的"添加或删除用户账户"，打开"管理账户"窗口。

（2）单击"创建一个新账户"链接，在之后打开的窗口中输入新账户的名称"Admin1"，使用系统推荐的账户类型，即标准账户，如图 1.43 所示。

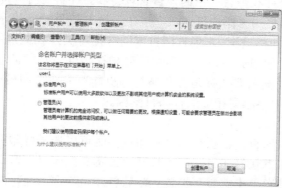

图 1.43　"创建新账户"窗口

（3）单击"创建账户"按钮后返回"管理账户"窗口。

（4）单击账户列表中的新建账户"Admin1"，在之后打开的窗口中单击"创建密码"按钮，打开"创建密码"窗口，如图1.44所示。

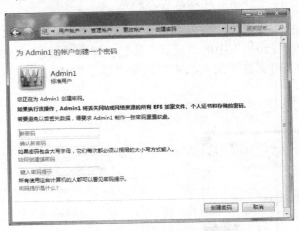

图1.44　"创建密码"窗口

（5）分别在"新密码"和"确认新密码"文本框中输入"Admin1"后，单击"创建密码"按钮。

设置完成后，打开"开始"菜单，将鼠标移动到"关机"右侧的箭头按钮上，选择菜单中的"切换用户"选项，则进入系统登录界面，此时已可以看到新增加的账户"Admin1"，选择该账户后输入密码就可以以新的用户身份登录系统。

在"管理账户"窗口中选择一个账户后，还可以使用"更改账户名称"、"更改密码"、"更改图片"、"更改账户类型"及"删除账户"等功能对所选账户进行管理。

任务4　打印机的安装及设置

1. 安装打印机

安装打印机时，首先将打印机的数据线连接到计算机的相应端口上，接通电源并打开打印机，选择"开始"→"设备和打印机"选项，打开"设备和打印机"窗口。也可以通过"控制面板"中"硬件和声音"中的"查看设备和打印机"打开此窗口。在"设备和打印机"窗口中单击工具栏中"添加打印机"按钮，弹出如图1.45所示的"添加打印机"对话框。选择要安装的打印机类型（本地打印机或网络打印机），在此选择"添加本地打印机"，之后要依次选择打印机使用的端口、打印机厂商和打印机类型，确定打印机名称并安装打印机驱动程序，最后根据需要选择是否共享打印机即可完成打印机的安装。安装完毕后，"设备和打印机"窗口中会出现相应的打印机图标。

2. 设置默认打印机

如果安装了多台打印机，在执行具体打印任务时可以选择打印机或将某台打印机设置为默认打印机。要设置默认打印机，应先打开"设备和打印机"窗口，在某个打印机图标上右击，在弹出的快捷菜单中选择"设置为默认打印机"选项即可。默认打印机的图标左下角有一个"√"标识。

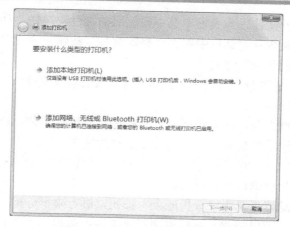

图 1.45　"添加打印机"对话框

3. 取消文档打印

在打印过程中，用户可以取消正在打印或打印队列中的打印作业。双击任务栏中的打印机图标，打开打印队列，右击要停止打印的文档，在弹出的快捷菜单中选择"取消"选项。若要取消所有文档的打印，选择"打印机"→"取消所有文档"选项即可。

任务 5　使用系统工具维护系统

由于在计算机的日常使用中，会逐渐在磁盘上产生文件碎片和临时文件，致使运行程序、打开文件变慢，因此可以定期使用"磁盘清理"功能删除临时文件，释放硬盘空间，使用"磁盘碎片整理程序"整理文件存储位置，合并可用空间，提高系统性能。

1. 磁盘清理

（1）选择"开始"→"所有程序"→"附件"→"系统工具"→"磁盘清理"选项，弹出"磁盘清理：驱动器选择"对话框。

（2）选择要进行清理的驱动器，在此使用默认选择"（C：）"。

（3）单击"确定"按钮，会弹出一个带进度条的计算 C 盘上释放空间数的对话框，如图 1.46 所示。

（4）计算完毕后会弹出"（C：）的磁盘清理"对话框，如图 1.47 所示，其中显示了系统清理建议删除的文件及其所占磁盘空间的大小。

图 1.46　"磁盘清理"对话框

图 1.47　"（C：）的磁盘清理"对话框

（5）在"要删除的文件"列表框中选中要删除的文件，单击"确定"按钮，在之后弹出的"磁盘清理"确认删除对话框中单击"删除文件"按钮，弹出"磁盘清理"对话框，清理完毕后，该对话框会自动消失。

依次对 C、D、E 各磁盘进行清理，注意观察并记录清理磁盘时获得的空间总数。

2. 磁盘碎片整理程序

进行磁盘碎片整理之前，应先把所有打开的应用程序都关闭，因为一些程序在运行的过程中可能要反复读取磁盘数据，会影响磁盘整理程序的正常工作。

（1）选择"开始"→"所有程序"→"附件"→"系统工具"→"磁盘碎片整理程序"选项，弹出"磁盘碎片整理程序"对话框。

（2）选择磁盘驱动器后单击"分析磁盘"按钮，进行磁盘分析。

（3）分析完毕后，可以根据分析结果选择是否进行磁盘碎片整理。如果在"上一次运行时间"列表框中显示检查磁盘碎片的百分比超过了 10%，则应该进行磁盘碎片整理，只需单击"磁盘碎片整理"按钮即可。

任务 6　打开和关闭 Windows 功能

Windows 7 附带的某些程序和功能（如 Internet 信息服务），必须在使用之前将其打开，不再使用时可以将其关闭。在 Windows 的早期版本中，若要关闭某个功能，则必须从计算机上将其完全卸载。在 Windows 7 中，关闭某个功能不会将其卸载，仍会存储在硬盘上，以便需要时直接将其打开。

（1）选择"开始"→"控制面板"选项，打开"控制面板"窗口。

（2）单击"程序"图标，在之后的窗口中单击"程序和功能"中的"打开或关闭 Windows 功能"，弹出如图 1.48 所示的"Windows 功能"对话框。

（3）若要打开某个 Windows 功能，可选中该功能对应的复选框。若要关闭某个 Windows 功能，则取消选中其所对应的复选框。

（4）单击"确定"按钮。

图 1.48　"Windows 功能"对话框

第2章 常用办公软件 Word

Microsoft Office 2013 是运用于 Microsoft Windows 操作系统的办公室套装软件，是继 Microsoft Office 2010 后的新一代套装软件。作为 Windows 8 的官方办公室套装软件，Office 2013 除了在风格上保持一定的统一之外，功能和操作上也向着更好支持平板电脑以及触摸设备的方向发展。Office 2013 支持 ARM 平台，并配合 Windows 8 触控使用。Office 2013 能实现云端服务、服务器、流动设备和 PC 客户端、Office 365、Exchange、SharePoint、Project 以及 Visio 同步更新。本章主要介绍 Microsoft Office 2013 中的综合排版工具软件 Word 2013 的一些操作方法、使用技能和新功能，如文档的基本操作、文档的格式化、图文混排、表格操作以及简单便捷的截图功能等。

本章以 Microsoft Office 2013 为平台，由浅入深地讲述了 Word 的基本操作与排版，通过对 3 个实验（文档的创建与排版、表格制作、图文混排与页面设置）的练习，使学生了解排版中常用的知识、掌握 Word 的常用操作以及部分高级操作，为以后的学习和工作打下基础，能够利用 Word 解决实际生活中的排版操作。

实验 1 文档的创建与排版

实验学时

实验学时：2 学时。

实验目的

➢ 掌握 Word 2013 的启动与退出的方法，认识 Word 2013 主窗口的屏幕对象；
➢ 掌握操作 Word 2013 功能区、选项卡、组和对话框的方法；
➢ 熟练掌握利用 Word 2013 建立、保存、关闭和打开文档的方法；
➢ 熟练掌握输入文本的方法；
➢ 熟练掌握文本的基本编辑方法以及设定文档格式的方法，包括插入点的定位、文本的输入、选择、插入、删除、移动、复制、查找和替换、撤销与恢复等操作；
➢ 文档的不同显示方式；
➢ 熟练掌握设置字符格式的方法，包括设置字体、字形与字号，使用颜色、粗体、斜体、下画线和删除线等；
➢ 熟练掌握设置段落格式的方法，包括对文本的字间距、段落对齐、段落缩进和段落间距等的设置；
➢ 熟练掌握边框和底纹、分栏、文字加拼音、首字下沉等特殊格式的设置方法；
➢ 掌握格式刷和样式的使用方法；

➤ 掌握项目符号、项目编号的使用方法;
➤ 掌握利用模板建立文档的方法。

相关知识

1. 基本知识

Word 2013 是 Microsoft Office 2013 办公系列软件之一,是目前办公自动化中最流行的、全面支持简繁体中文的、具有全新用户界面的、功能更加强大的新一代套装办公软件。

Word 2013 仍然采用 Ribbon 界面风格,但在设计上尽量减少功能区 Ribbon,为内容编辑区域让出更大空间,以便用户更加专注于内容。其中的"文件"选项卡已经是一种新的面貌,用户操作起来更加高效。例如,当用户想创建一个新的文档时,其能看到许多可用模板的预览图像。

Microsoft Word 2013 集编辑、排版和打印等功能为一体,并能够处理文本、图形和表格,满足各种公文、书信、报告、图表、报表以及其他文档打印的需要。

2. 基本操作

Word 文档是由 Word 编辑的文本。文档编辑是 Word 2013 的基本功能,主要完成文档的建立、文本的录入、保存文档、选择文本、插入文本、删除文本以及移动、复制文本等基本操作,并提供了查找和替换功能、撤销和重复功能。文档被保存时,会生成以".docx"为默认扩展名的文件。

3. 基本设置

文档编辑完成之后,就要对整篇文档进行排版以使文档具有美观的视觉效果,包括字符格式设置、段落格式设置、边框与底纹设置、项目符号与编号设置以及分栏设置等。还有一些特殊格式设置,包括首字下沉、给中文加拼音、加删除线等。

4. 高级操作

1)格式刷

使用格式刷可以快速地将某文本的格式设置应用到其他文本上,操作步骤如下。

① 选中要复制样式的文本。

② 单击"开始"选项卡中"剪贴板"组中的"格式刷"按钮,之后将鼠标指针移动到文本编辑区,会看到鼠标指针旁出现一个小刷子的图标。

③ 用格式刷扫过(即拖动)需要应用样式的文本即可。

单击"格式刷"按钮,使用一次后格式刷功能就自动关闭了。如果需要将某文本的格式连续应用多次,则需双击"格式刷"按钮,之后直接用格式刷扫过不同的文本即可。要结束使用格式刷功能,再次单击"格式刷"按钮或按 Esc 键均可。

2)样式与模板

样式与模板是 Word 中非常重要的内容,熟练使用这两个工具可以简化格式设置的操作,提高排版的质量和速度。

　　样式是应用于文档中文本、表格等的一组格式特征，利用其能迅速改变文档的外观。应用样式时，只需执行简单的操作就可以应用一组格式。单击"开始"选项卡中"样式"组中的样式显示区域右下角的"其他"按钮，在出现的下拉列表中显示了可供选择的样式。要对文档中的文本应用样式，应先选中这段文本，然后单击下拉列表中需要使用的样式名称即可。要删除某文本中已经应用的样式，可先将其选中，再选择下拉列表中的"清除格式"选项即可。

　　如果要快速改变具有某种样式的所有文本的格式，可通过重新定义样式来完成。单击"开始"选项卡中"样式"组中的样式显示区域右下角的"其他"按钮，在出现的下拉列表中选择"应用样式"选项，在弹出的"应用样式"任务窗格中的"样式名"文本框中键入要修改的样式的名称，如输入"正文"，单击"修改"按钮，弹出的对话框中显示现有的"正文"样式的字体格式，选择对话框中"格式"下拉列表中的"段落"选项，在弹出的"段落"对话框中对其进行所需要的格式修改后，单击"确定"按钮使设置生效，即可看到文档中所有使用"正文"样式的文本的段落格式已发生改变。

　　Word 2013 提供了内容涵盖广泛的模板，有信函、传真、简历、报告等，利用其可以快速地创建专业而且美观的文档。模板就是一种预先设定好的特殊文档，已经包含了文档的基本结构和文档设置，如页面设置、字体格式、段落格式等，方便以后重复使用，省去每次都要排版和设置的烦恼。对于某些格式相同或相近文档的排版工作，模板是不可缺少的工具。Word 2013 模板文件的扩展名为".dotx"，利用模板创建新文档的方法请参考其他书籍，在此不再赘述。

实验范例

1．启动 Word 2013 窗口

　　安装了 Word 2013 之后，就可以使用其所提供的强大功能了。首先要启动 Word 2013，进入其工作环境，打开方法有多种，下面介绍几种常用的方法。

　　① 选择"开始"→"所有程序"→"Microsoft Office 2013"→"Word 2013"选项。

　　② 如果在桌面上已经创建了启动 Word 2013 的快捷方式，则双击快捷方式图标。

　　③ 双击任意一个 Word 文档，Word 2013 就会启动并且打开相应的文件。

2．Word 2013 的退出

　　完成文档的编辑操作后就要退出 Word 2013 工作环境，下面介绍几种常用的退出方法。

　　① 单击 Word 应用程序窗口右上角的"关闭"按钮。

　　② 单击 Word 应用程序窗口左上角的"文件"按钮，在弹出的下拉列表中选择"关闭"选项。

　　③ 在标题栏上右击，在弹出的快捷菜单中选择"关闭"选项。

　　如果在退出 Word 2013 时，用户对当前文档做过修改且还没有执行保存操作，系统将弹出一个对话框询问用户是否要对修改操作进行保存，如果要保存文档，则单击"保存"按钮；如果不需要保存，则单击"不保存"按钮；单击"取消"按钮则取消此次关闭操作。

3. 认识 Word 2013 的窗口构成

Word 2013 的窗口主要包括标题栏、快速访问工具栏、"文件"按钮、功能区、标尺栏、文档编辑区和状态栏，如图 2.1 所示。

1）标题栏

标题栏位于窗口的最上方，主要显示正在编辑的文档名称及编辑软件名称信息，在其右侧有 5 个窗口控制按钮，最左边的一个按钮可以打开"Word 帮助"窗口，右边的 4 个分别是功能区显示选项、最小化、最大化（还原）和关闭窗口操作按钮。

2）快速访问工具栏

快速访问工具栏主要显示用户日常工作中频繁使用的功能，安装好 Word 2013 之后，其默认显示"保存"、"撤销"和"重复"按钮。用户也可以单击此工具栏中的"自定义快速访问工具栏"按钮 ，在弹出的下拉列表中选择某些选项将其添加至工具栏中，以便以后可以快速地使用这些功能。

3）"文件"按钮

单击"文件"按钮将打开"文件"面板，包含"信息"、"新建"、"打开"、"关闭"、"保存"、"打印"等常用功能。在"新建"面板中，用户可以根据自己的需要选择面板中显示的模板，当然，也可以在面板上方的搜索框中输入相关的关键字"搜索联机模板"。

4）功能区

功能区横跨应用程序窗口的顶部，由选项卡、组和按钮 3 个基本组件组成。选项卡位于功能区的顶部，包括"开始"、"插入"、"页面布局"、"引用"、"邮件"等。选择某一选项卡，则可在功能区中看到若干个组，相关项显示在一个组中。相关项指组中的按钮、用于输入信息的框等。在 Word 2013 中还有一些特定的选项卡，只不过特定选项卡只有在需要时才会出现。如，当在文档中插入图片后，可以在功能区看到图片工具"格式"选项卡。如果用户选择其他对象，如剪贴画、表格或图表等，将显示相应的选项卡。

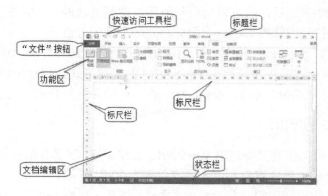

图 2.1　Word 2013 工作界面

功能区将 Word 2013 中的所有功能选项巧妙地集中在一起，以便于用户查找使用。但是当用户暂时不需要功能区中的功能选项并希望拥有更多的工作空间时，可以通过双击活动选项卡临时隐藏功能区，此时，组会消失，从而为用户提供更多的空间，如图 2.2 所示。如果需要再次显示，则可再次双击活动选项卡，组就会重新出现。

| 开始 | 插入 | 设计 | 页面布局 | 引用 | 邮件 | 审阅 | 视图 | 加载项 |

图 2.2　隐藏组后的功能区

5）标尺栏

Word 2013 具有水平标尺和垂直标尺，用于对齐文档中的文本、图形、表格等，也可用来设置所选段落的缩进方式和距离。可通过"视图"选项卡"显示"组中的"标尺"复选框来显示或隐藏标尺。

6）文档编辑区

文档编辑区是用户使用 Word 2013 进行文档编辑排版的主要工作区域，在该区域中有一个垂直闪烁的光标，这个光标就是插入点，输入的字符总是显示在插入点的位置上。在输入的过程中，当文字显示到文档右边界时，光标会自动转到下一行行首，而当一个自然段落输入完成后，可通过按 Enter 键来结束当前段落的输入。

7）状态栏

状态栏位于应用程序窗口的底部，用来显示当前文档的信息以及编辑信息等。在状态栏的左侧显示文档共几页、当前是第几页、字数等信息；右侧显示"阅读视图"、"页面视图"、"Web 版式视图" 3 种视图模式切换按钮，并有当前文档显示比例的"缩放级别"按钮以及缩放当前文档的缩放滑块。

4．熟悉 Word 2013 各个选项卡的组成

Word 2013 的选项卡主要有开始、插入、设计、页面布局、引用、审阅、视图。请读者把每个选项卡中的主要功能大概记忆一下，这样在以后使用时可提高效率。

用户也可以根据需要增加选项卡。方法如下：单击"文件"选项卡中的"选项"按钮，弹出如图 2.3 所示的"Word 选项"对话框，在此对话框中，先在左侧选择"自定义功能区"，再在右侧单击"新建选项卡"按钮即可创建一个新的选项卡。此时的选项卡中没有包含功能按钮，用户在使用时可以根据自己的需要添加。

5．文件的建立与文本的编辑

（1）建立新文档。单击"文件"选项卡中的"新建"选项，选择右侧可用模板中的一种，会弹出相应的模板窗口，再单击窗口中的"创建"按钮，即可创建一个基于特定模板的新文档，本范例选择"空白文档"。如果选择"空白文档"，则在可用模板区单击"空白文档"按钮后 Word 会直接创建一个空白的文档，如图 2.4 所示。

（2）文档的输入。在新建的文档中输入实验范例文字，暂且不管字体及格式。输入完毕将其保存为 D:\实验 1.docx。具体操作如下：单击"快速访问工具栏"中的"保存"按钮，会打开"另存为"面板，如图 2.5 所示，可以选择"最近访问的文件夹"，也可单击面板中的"浏览"按钮，弹出"另存为"对话框，在此对话框中选择文档要保存的位置，在"文件名"文本框中输入文档的名称，若不输入新名称，则 Word 自动将文档的第一句话作为文档的名称，在"保存类型"下拉列表中选择"Word 文档"，单击"保存"按钮，文档即可被保存在指定的位置上。

图 2.3　"Word 选项"对话框

图 2.4　"新建"面板

图 2.5　"另存为"面板

注意： 操作 1、操作 2 的目的是练习输入，如果已经掌握，则可直接打开某个已经存在的文件。

实例范例文字如下。

计算机发展趋势

随着科技的进步，以及各种计算机技术、网络技术的飞速发展，计算机的发展已经进入了一个快速而又崭新的时代，计算机已经从功能单一、体积较大发展到了功能复杂、体积微小、资源网络化等。计算机的未来充满了变数，性能的大幅度提高是不可置疑的，而实现性能的飞跃却有多种途径。但性能的大幅提升并不是计算机发展的唯一路线，计算机的发展还应当变得越来越人性化，同时也要注重环保等。目前，计算机的发展趋势主要有如下几个方面。

（1）多极化

今天包括电子词典、掌上电脑、笔记本式计算机等在内的微型计算机在我们的生活中已经处处可见，同时大型、巨型计算机也得到了快速的发展。特别是在 VLSI 技术基础上的多处理机技术使计算机的整体运算速度与处理能力得到了极大的提高。

（2）网络化

网络化就是把各自独立的计算机用通信线路连接起来，形成各计算机用户之间可以相

互通信并能使用公共资源的网络系统。

（3）多媒体化

媒体可以理解为存储和传输信息的载体，文本、声音、图像等都是常见的信息载体。过去的计算机只能处理数值信息和字符信息，即单一的文本媒体。近几年发展起来的多媒体计算机则集多种媒体信息的处理功能于一身。

（4）新型化

新一代计算机将把信息采集、存储处理、通信和人工智能结合在一起。新一代计算机将由以处理信息数据为主转向以处理知识信息为主，并有推理、联想和学习等人工智能方面的能力，能帮助人类开拓未知领域。

6. 撤销与恢复

在"快速访问工具栏"中有"撤销"与"恢复"按钮，可把编者对文件的操作进行按步倒退及前进，请同学们上机实际操作加以体会。

7. 字体及段落设置

在设置字体之前，要先选择内容，选择方法如下：从要选择文本的起点处按下鼠标左键，一直拖动至终点处释放鼠标左键即可选择文本，选中的文本将以蓝底黑字的形式出现。如果要选择的是篇幅比较大的连续文本，则使用上述方法就不方便了，此时可以在要选择的文本起点处单击，然后将鼠标指针移至选取终点处，同时按 Shift 键与鼠标左键即可。

在 Word 2013 中，还有几种常用的选定文本的方法，首先要将鼠标指针移到文档左侧的空白处，此处称为选定区，鼠标指针移到此处将变为右上方向的箭头：

① 单击，选定当前行文字；

② 双击，选定当前段文字；

③ 三击鼠标，选中整篇文档。

此外，按 Alt 键的同时拖动即可选中矩形区域。

对于段落的缩进，可以通过如图 2.6 所示的"段落"对话框来设置，包括对齐、缩进和行的间距。

有时，为了方便快捷，可通过拖动水平标尺上的缩进滑块实现上述的缩进。各滑块的具体含义如图 2.7 所示。

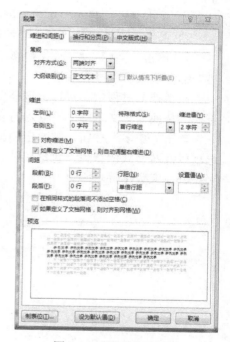

图 2.6　"段落"对话框

图 2.7　水平标尺

8. 文字的查找和替换（以刚建立的 D:\实验 1.docx 为例）

（1）查找指定文字："掌握"。

① 打开 D:\实验 1.docx 文档。

② 单击"开始"选项卡中"编辑"组中的"查找"按钮，在文本编辑区的左侧会弹出"导航"任务窗格。

③ 在"导航"任务窗格中的"搜索文档"文本框内输入"掌握"二字。

④ 单击"搜索更多内容"按钮 $\mathcal{P}$ 或按 Enter 键，匹配结果项就会全部出现在"导航"任务窗格中搜索框的下面，并在文档中高亮显示相匹配的关键词，在任务窗格中单击某个搜索结果能快速定位到正文中的相应位置。

（2）将文档中的"发展趋势"替换为"发展前景"，仍以 D:\实验 1.docx 为例。

① 打开 D:\实验 1.docx 文档。

② 单击"开始"选项卡中"编辑"组中的"替换"按钮，弹出"查找和替换"对话框。

③ 在"查找内容"文本框内输入"发展趋势"，在"替换为"文本框内输入"发展前景"。

④ 单击"全部替换"按钮，屏幕上弹出一个对话框，报告已替换完毕。

⑤ 单击对话框中的"确定"按钮，对话框消失。

⑥ 单击"关闭"按钮，"替换"对话框关闭，返回 Word 窗口，此时所有的"发展趋势"都替换成了"发展前景"。

在替换的过程中，可以根据需要选择"替换"、"全部替换"、"查找下一处"等功能。若在"替换为"文本框中不输入内容，则在替换时表示删除要查找的内容。

单击"更多"按钮，则弹出如图 2.8 所示的"查找和替换"对话框，可实现设置搜索选项以及对格式的查找，包括字体、段落、样式、段落标记、分栏符、手动换行符、任意字符、任意数字等。

图 2.8　"查找和替换"对话框

9．视图显示方式的切换

通过单击"视图"选项卡中"视图"组中的各种视图按钮，进行各种视图显示方式的切换，并认真观察显示效果。

10．设置边框与底纹

1）设置段落的边框与底纹

① 把光标移到文档 D:\实验 1.docx 中的第一段。

② 单击"开始"选项卡中"段落"组中的"边框"下拉按钮，在弹出的下拉列表中选择"边框和底纹"选项，弹出"边框和底纹"对话框如图 2.9 所示。

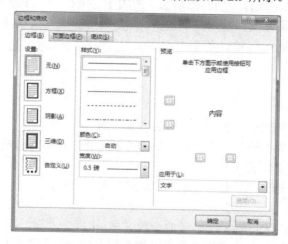

图 2.9　"边框和底纹"对话框

③ 在"边框和底纹"对话框中选择"边框"选项卡。

④ 在"设置"中选择"方框"，在"样式"下拉列表中选择"双线"，在"颜色"下拉列表中选择"绿色"，在"宽度"下拉列表中选择"0.75 磅"，在"应用于"下拉列表中选择"段落"，此时，可以在"预览"选项组中看到设置的效果。

> **注意**：此时，同学们可单击"预览"选项组中的"上、下、左、右"4 个按钮，观察段落边框的不同效果。

⑤ 选择"底纹"选项卡。在"填充"下拉列表中选择"黄色"，在"图案"下拉列表中选择"清除"，在"应用于"下拉列表中选择"段落"，此时，可以在"预览"选项组中看到设置的效果。

⑥ 单击"确定"按钮，文档第一段边框和底纹设置成功。

2）设置文字的边框与底纹

① 选中文档 D:\实验 1.docx 中的倒数第二段文字。

② 单击"开始"选项卡中"段落"组中的"边框"下拉按钮，在弹出的下拉列表中选择"边框和底纹"选项。

③ 在弹出的"边框和底纹"对话框中选择"边框"选项卡。

④ 在"设置"下拉列表中选择"阴影"，在"样式"下拉列表中选择"单实线"，在"颜色"下拉列表中选择"红色"，在"宽度"下拉列表中选择"0.5 磅"，在"应用于"下拉列

表中选择"文字"，此时，可以在"预览"选项组中看到设置的效果。

⑤ 选择"底纹"选项卡。在"填充"下拉列表中选择"浅绿"，在"图案"下拉列表中选择"清除"，在"应用于"下拉列表中选择"文字"，此时，可以在"预览"选项组中看到设置的效果。

⑥ 单击"确定"按钮，文档倒数第二段文字的边框和底纹设置成功。

3）设置页面边框

为页面设置普通边框的步骤类似于前面为段落和文字设置边框，不同的是先把光标放在当前页面的任意位置，在最后的"应用于"下拉列表中选择"整篇文档"。

如果要为页面添加艺术型边框下拉列表则无需设置"样式"、"颜色"等其他项，只需在"艺术型"下拉列表中选择一项，然后在"应用于"下拉列表中选择"整篇文档"即可。

注意：如何取消段落或文字上已经添加的边框或底纹，请同学们思考并动手实践。
提示：使用"边框和底纹"对话框进行设置。

11．分栏设置

1）整篇文档分栏

① 把光标放到文档 D:\实验 1.docx 中的任意位置。

② 单击"页面布局"选项卡中"页面设置"组中的"分栏"按钮，在弹出的下拉列表中选择"两栏"，观察文档变化。

③ 在下拉列表中选择"一栏"，文档重新回到未分栏状态。

2）部分文档分栏

① 选中文档 D:\实验 1.docx 中的最后一段文字。

② 单击"页面布局"选项卡中"页面设置"组中的"分栏"按钮，在弹出的下拉列表中选择"更多分栏"，弹出"分栏"对话框。

③ 在"预设"下拉列表中选择"偏左"，选中"分割线"复选框。

④ 单击"确定"按钮，观察文档最后一段的分栏效果。

12．格式刷

使用格式刷可以快速地将某文本的格式设置应用到其他文本上，步骤如下。

① 选中要复制样式的文本。

② 单击"开始"选项卡中"剪贴板"组中的"格式刷"按钮 ✦ 格式刷 ，之后将鼠标指针移动到文本编辑区，会看到鼠标指针旁出现一个小刷子的图标。

③ 用格式刷扫过（即拖动）需要应用样式的文本即可。

单击"格式刷"按钮，使用一次后格式刷功能就自动关闭了。如果需要将某文本的格式连续应用多次，则可以双击"格式刷"按钮，之后直接用格式刷扫过不同的文本即可。要结束使用格式刷功能，则再次单击"格式刷"按钮或按 Esc 键均可。

13．样式与模板

样式与模板是 Word 中非常重要的内容，熟练使用这两个工具可以简化格式设置的操作，提高排版的质量和速度。

1）样式

样式是应用于文档中的文本、表格等的一组格式特征，利用其能迅速改变文档的外观。应用样式时，只需执行简单的操作就可以应用一组格式。单击"开始"选项卡中"样式"组中的样式显示区域右下角的"其他"按钮，弹出如图 2.10 所示的下拉列表，其中显示了可供选择的样式。要对文档中的文本应用样式，先选中这段文本，然后选择需要使用的样式名称即可。要删除某文本中已经应用的样式，可先将其选中，再选择图 2.10 中的"清除格式"选项即可。

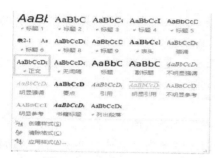

图 2.10 "样式"下拉列表

图 2.11 "修改样式"对话框

如果要快速改变具有某种样式的所有文本的格式，可通过重新定义样式来完成。选择图 2.10 所示的"应用样式"选项，在弹出的"应用样式"任务窗格中的"样式名"文本框中选择要修改的样式名称，如"正文"，单击"修改"按钮，弹出如图 2.11 所示的对话框，此时可以看到"正文"样式的字体格式为"中文宋体，西文 Times New Roman，五号"；段落格式为"两端对齐，单倍行距"。若要将文档中正文的段落格式修改为"两端对齐，1.25 倍行距，首行缩进 2 字符，"，则可以选择对话框中"格式"下拉列表中的"段落"选项，在弹出的"段落"对话框中设置行距为 1.25 倍，首行缩进为 2 字符，单击"确定"按钮使设置生效，即可看到文档中所有使用"正文"样式的文本段落格式已发生改变。

如果要把当前的某种文档格式设置为样式，则可通过创建样式完成。选择图 2.10 所示的"创建样式"选项，在弹出的"根据格式设置创建新样式"对话框中输入要创建样式的名称，如图 2.12 所示，单击"确定"按钮后，创建的新样式就会出现在图 2.10 所示的"样式"下拉列表中，新创建的样式就可以像其他样式一样使用了。

（2）模板

模板就是一种预先设定好的特殊文档，已经包含了文档的基本结构和文档设置，如页面设置、字体格式、段落格式等，方便以后重复使用。Word 2013 提供了内容涵盖广泛的模板，

图 2.12 "根据格式设置创建新样式"对话框

有博客文章、书法字帖以及信函、传真、简历和报告等，利用其可以快速地创建专业而且美观的文档。另外，Office.com 网站还提供了贺卡、名片、信封、发票等特定功能模板。Word 2013 模板文件的扩展名为".dotx"，利用模板创建新文档的方法在前面已经介绍过，在此不再赘述。

14. 创建目录

在撰写书籍或杂志等类型的文档时，通常需要创建目录来使读者快速浏览文档中的内容，并可通过目录右侧的页码显示找到所需内容。在 Word 2013 中，可以非常方便地创建目录，并且在目录发生变化时，通过简单的操作实现对目录的更新。

1）标记目录项

在创建目录之前，需要先将要在目录中显示的内容标记为目录项，步骤如下。

① 选中要成为目录的文本。

② 单击"开始"选项卡中"样式"组中的样式显示区域右下角的"其他"按钮，弹出如图 2.10 所示的下拉列表。

③ 根据所要创建的目录项级别，选择"标题 1"、"标题 2"或"标题 3"选项。

如果所要使用的样式未在图 2.10 中显示，则可以通过以下步骤标记目录项。

① 选中要成为目录的文本。

② 单击"开始"选项卡中"样式"组中的对话框启动器，弹出"样式"任务窗格。

③ 单击"样式"任务窗格右下角的"选项"按钮，则弹出"样式窗格选项"对话框。

④ 选择对话框中"选择要显示的样式"列表框中的"所有样式"选项，单击"确定"按钮，返回"样式"任务窗格。

⑤ 此时，可以看到在"样式"任务窗格中已经显示了所有的样式，选择所要的样式选项即可。

2）创建目录

标记好目录项之后，就可以创建目录了，步骤如下。

① 将光标定位到需要显示目录的位置。

② 单击"引用"选项卡中"目录"组中的"目录"下拉按钮，弹出如图 2.17 所示的下拉列表。

③ 在下拉列表的样式库中选择一个自动目录即可。

注意，目录下拉列表样式库中的目录一般显示到 3 级，如果想显示更多的级别可选择图 2.13 中的"自定义目录"选项，弹出"目录"对话框，选择"目录"选项卡，调整其中的显示级别。另外，在"目录"选项卡中还可以选择是否显示页码、页码是否右对齐，并设置制表符前导符的样式。如果在图 2.13 中选择了"手动目录"选项，则手动目录不会自动更新。

3）更新目录

当文档中的目录内容发生变化时，需要对目录进行及时更新。要更新目录，可单击"引用"选项卡中"目录"组中的"更新目录"按钮 更新目录，在弹出的对话框中选择对整个目录进行更新还是只进行页码更新。

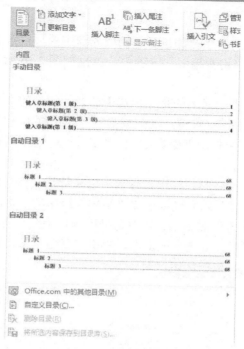

图 2.13 "目录"下拉列表

15. 特殊格式设置

1）首字下沉

在很多报刊和杂志中，经常可以看到将正文的第一个字放大突出显示的排版形式。要使自己的文档也有此种效果，可以通过设置首字下沉来实现，步骤如下。

① 将光标定位到要设置首字下沉的段落。

② 单击"插入"选项卡中"文本"组中的"首字下沉"按钮，弹出如图 2.14 所示的下拉列表。

③ 在下拉列表中选择"下沉"选项，也可选择"悬挂"选项。

④ 若要对下沉的文字进行字体以及下沉行数等的设定，则可选择"首字下沉选项"选项，在弹出的"首字下沉"对话框中进行设置，如图 2.15 所示。

图 2.14 "首字下沉"下拉列表

图 2.15 "首字下沉"对话框

2）给中文加拼音

在中文排版时如果需要给中文加拼音，则应先选中要加拼音的文字，再单击"开始"选项卡中"字体"组中的"拼音指南"按钮，弹出如图 2.16 所示的对话框，在其中进行设置即可。

在"基准文字"文本框中显示的是文中选中的要加拼音的文字，在"拼音文字"文本框中显示的是基准文字的拼音，设置后的效果显示在对话框下边的预览中，若不符合要求，可以通过"对齐方式"、"字体"、"偏移量"和"字号"等进行调整。

3）带圈字符

要给单个文字周围添加圆形、方形等形状，生成特殊文档格式效果，则需要先选中一个要编辑的文字，再单击"开始"选项卡中"字体"组中的"带圈字符"按钮，会弹出如图 2.17 所示的"带圈字符"对话框。在对话框中选择是缩小文字还是增大圈号，选择需要的圈号类型，圆形、方形、三角形或菱形，单击"确定"按钮即可。

图 2.16　"拼音指南"对话框

图 2.17　"带圈字符"对话框

16．关闭 Word 2013

注意：退出 Word 2013 有多种方法，请实际操作并体会。

实验做完后，请正常关闭系统，并认真总结实验过程中取得的收获。

实 验 要 求

【原文】
同实验范例中的原文。

【操作要求】
（1）将标题字体格式设置成宋体、三号，加粗，居中。
（2）将标题的段前、段后间距设置为 0.5 行。
（3）将正文设置为宋体、五号。
（4）为所有段落设置 1.3 倍行间距。
（5）在文档的特定位置插入特殊符号，颜色设置为印度红，如图 2.18 所示。
（6）对文中第一段的第一个字"随"设定格式为首字下沉，字体的颜色设定为深蓝色，下沉的行数为 2 行，并把第一段的剩余文字内容设置为“绿色、加粗、倾斜”。

（7）将文档的最后一段文字设置为“华文新魏”，并加红色波浪线。

（8）为“多极化”、“网络化”、“多媒体化”、“新型化”4 部分内容添加编号，并加着重号。编号样式自定。

（9）为文档的其他段落内容设置首行缩进 2 个字符。

【样本】如图 2.18 所示。

计算机发展趋势

随着科技的进步，以及各种计算机技术、网络技术的飞速发展，计算机的发展已经进入了一个快速而又崭新的时代，计算机已经从功能单一、体积较大发展到了功能复杂、体积微小、资源网络化等。计算机的未来充满了变数，性能的大幅度提高是不可置疑的，而实现性能的飞跃却有多种途径。不过性能的大幅提升并不是计算机发展的唯一路线，目前计算机的发展趋势主要有如下几个方面。

☆▲☆▲☆▲☆▲☆▲☆▲☆▲☆▲☆▲☆▲☆▲☆▲☆▲☆▲☆▲☆▲☆▲☆▲☆▲

（1）多极化

今天包括电子词典、掌上电脑、笔记本电脑等在内的微型计算机在我们的生活中已经是处处可见，同时大型、巨型计算机也得到了快速的发展。特别是在 VLSI 的技术基础上的多处理机技术使计算机的整体运算速度与处理能力得到了极大的提高。

※★※★※★※★※★※★※★※★※★※★※★※★※★※★※★※★※★※★※★

（2）网络化

网络化就是把各自独立的计算机用通讯线路连结起来，形成各计算机用户之间可以相互通讯并能使用公共资源的网络系统。网络化能够充分利用计算机的宝贵资源并扩大计算机的

（3）多媒体化

媒体可以理解为存储和传输信息的载体，文本、声音、图像等都是常见的信息载体。过去的计算机只能处理数值信息和字符信息，即单一的文本媒体。近几年发展起来的多媒体计算机则集多种媒体信息的处理功能于一身。

（4）新型化

新一代计算机将把信息采集、存储处理、通信和人工智能结合在一起。新一代计算机将由以处理信息数据为主转向已处理知识信息为主，并有推理、联想和学习等人工智能方面的能力，能帮助人类开拓未知领域。

图 2.18　样本（一）

【原文】

文字内容如下。

被同伴驱逐的蝙蝠

很久以前，鸟类和走兽因为发生了一点争执而爆发了战争。双方僵持，各不相让。

有一次，双方交战，鸟类战胜了。蝙蝠突然出现在鸟类的堡垒：“各位，恭喜啊！能将那些粗暴的走兽打败，真是英雄啊！我有翅膀又能飞，所以是鸟的伙伴！请大家多多指教！”

这时，鸟类非常需要新伙伴的加入，以增强实力，所以很欢迎蝙蝠的加入。可是蝙蝠是个胆小鬼，等到战争开始，便再不露面了，躲在一旁观战。

后来，当走兽战胜鸟类时，走兽们高声地唱着胜利的歌儿。蝙蝠却突然出现在走兽的营区：“各位，恭喜啊！把鸟类打败了！实在太棒了！我是老鼠的同类，也是走兽！请大家多多指教！”走兽们也很乐意将蝙蝠纳入自己的同伴之中。

于是，每当走兽们胜利，蝙蝠就加入走兽。每当鸟类们打赢，它又成为鸟类们的伙伴。最后，战争结束了，走兽和鸟类言归于好，双方都知道了蝙蝠的行为。当蝙蝠再度出现在鸟类的世界时，鸟类很不客气地对它说："你不是鸟类！"被鸟类赶出来的蝙蝠只好来到走兽的世界，走兽们则说："你不是走兽！"也赶走了蝙蝠。

最终，蝙蝠只能在黑夜里偷偷地飞着。

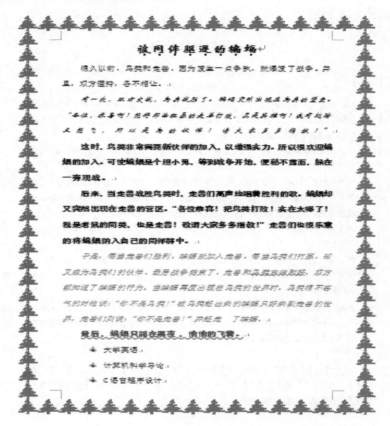

图 2.19　样本（二）

【操作要求】

（1）标题：居中，设为华文新魏二号字，加着重号并加粗。

（2）所有正文段落首行缩进 2 个字符，1.5 倍行间距。

（3）第二段：设为华文新魏五号字，倾斜，分散对齐。

（4）第三段：设为黑体五号字，加粗。

（5）第四段：用格式刷将该段设为与第三段同样的格式。

（6）第五段：设为宋体五号字，倾斜，字体颜色设为蓝色。

（7）第六段：设为黑体，五号，红色，加粗，加下画线。

（8）整篇文档加页面边框，如样本所示。

（9）在所给文字的最后输入不少于 3 个自己最喜欢的课程的名称，字体为宋体，字号为五号并加项目符号，如图 2.19 所示。

（10）在 D 盘建立一个以自己名字命名的文件夹，存放自己的 Word 文档作业，该作业以"自己的名字+学号最后两位"命名。

【样本】如图 2.19 所示。

实验 2　表格制作

实验学时

实验学时：2 学时。

实验目的

➤ 掌握 Word 2013 创建表格和编辑表格的基本方法；

➤ 掌握 Word 2013 设计表格格式的常用方法；

➤ 掌握 Word 2013 表格图形化的方法。

相关知识

表格是用于组织数据的最有用的工具之一，以行和列的形式简明扼要地表达信息，便于读者阅读。在 Word 2013 中，不仅可以非常快捷地创建表格，还可以对表格进行修饰以增加其视觉上的美观程度，也能对表格中的数据进行排序以及简单计算等。

1. 创建表格

1）插入表格

这里介绍两种在 Word 文档中插入规则表格的方法。首先，将光标定位到要插入表格的位置，单击"插入"选项卡中"表格"组中的"表格"按钮，弹出如图 2.20 所示的下拉列表，其中显示了一个示意网格，沿网格右下方移动鼠标，当达到需要的行列位置后单击即可。

除上述方法外，也可选择下拉列表中的"插入表格"选项，弹出如图 2.21 所示的对话框，在"列数"文本框中输入列数，在"行数"文本框中输入行数，在"'自动调整操作'"选项组中根据需要进行选择，设置完成后单击"确定"按钮即可创建一个新表格。

2）绘制表格

插入表格的方法只能创建规则的表格，对于一些复杂的不规则表格，可以通过绘制表格的方法来实现。要绘制表格，需选择图 2.20 所示的"绘制表格"选项，之后将鼠标指针移到文本编辑区会看到鼠标指针已变成一个笔状图标，此时可以通过拖动画出所需的任意表格。需要注意的是，首次通过鼠标拖动绘制出的是表格的外围边框，之后才可以绘制表格的内部框线，要结束绘制表格，双击或者按 Esc 键均可。

3）快速制表

要快速创建具有一定样式的表格，可选择图 2.20 所示的"快速表格"选项，在弹出的对话框中根据需要选择某种样式的表格选项即可。

图 2.20　"表格"下拉列表　　　　图 2.21　"插入表格"对话框

2．表格内容输入

表格中的每一个小格称为单元格，在每一个单元格中都有一个段落标记，可以把每一个单元格当作一个小的段落来处理。要在单元格中输入内容，需要先将光标定位到单元格中，可以在单元格上单击或者使用方向键将光标移至单元格中。例如，可以对新创建的空表进行内容的填充，得到如表 2.1 所示的表格。

表 2.1　成绩表

姓　　名	英　　语	计 算 机	高　　数
李明	86	80	93
王芳	92	76	89
张楠	78	87	88

当然，也可以修改录入内容的字体、字号、颜色等，这与文档的字符格式设置方法相同，都需要先选中内容再进行设置。

3．编辑表格

1）选定表格

在对表格进行编辑之前，需要学会如何选中表格中的不同元素，如单元格、行、列或整个表格等。Word 2013 中有如下选中的技巧。

① 选定一个单元格：将光标移动到该单元格左边，当光标变成实心右上方向的箭头时单击，该单元格即被选中。

② 选定一行：将光标移到表格外该行的左侧，当光标变成空心右上方向的箭头时单击，该行即被选中。

③ 选定一列：将光标移到表格外该列的最上方，当光标变成实心向下方向的黑色箭头时单击，该列即被选中。

④ 选定整个表格：可以拖动鼠标选取，也可以通过单击表格左上角的被方框框起来的四向箭头图标来选中整个表格。

2）调整行高和列宽

调整行高是指改变本行中所有单元格的高度，将光标指向此行的下边框线，光标会变成垂直分离的双向箭头，直接拖动即可调整本行的高度。

调整列宽是指改变本列中所有单元格的宽度，将光标指向此列的左边或右边框线，光标会变成水平分离的双向箭头，直接拖动即可调整本列的宽度。要调整某个单元格的宽度，则要先选中该单元格，再执行上述操作，此时的改变仅限于选中的单元格。

也可以先将光标定位到要改变行高或列宽的那一行或列的任一单元格中，此时，功能区中会出现用于表格操作的两个选项卡——"设计"和"布局"，再单击"布局"选项卡中的"单元格大小"组中显示当前单元格行高和列宽的两个文本框右侧的上下微调按钮，或在两个文本框中直接输入数据，即可精确调整行高和列宽。

3）合并和拆分

在创建一些不规则表格的过程中，可能经常会遇到要将某一个单元格拆分成若干个小的单元格，或者要将某些相邻的单元格合并成一个，此时就需要使用表格的合并与拆分功能。

要合并某些相邻的单元格，首先要将其选中，然后单击"布局"选项卡中"合并"组中的"合并单元格"按钮 合并单元格 ，或者右击，在弹出的快捷菜单中选择"合并单元格"选项，就可以将选中的多个单元格合并成一个，合并后各单元格中的内容将以一列的形式显示在新单元格中。

要将一个单元格拆分，先将光标定位到该单元格中，然后单击"布局"选项卡中"合并"组中的"拆分单元格"按钮 拆分单元格 ，在弹出的"拆分单元格"对话框中设置要拆分的行数和列数，最后单击"确定"按钮即可。原有单元格中的内容将显示在拆分后的首个单元格中。

如果要将一个表格拆分成两个，先将光标定位到拆分分界处（即第二个表格的首行上），再单击"布局"选项卡中"合并"组中的"拆分表格"按钮，即可完成表格的拆分。

4）插入行或列

要在表格中插入新行或新列，只需先将光标定位到要在其周围加入新行或新列的那个单元格中，再根据需要单击"布局"选项卡中"行和列"组中的按钮，单击"在上方插入"按钮或"在下方插入"按钮可以在单元格的上方或下方插入一个新行，单击"在左侧插入"按钮或"在右侧插入"按钮可以在单元格的左侧或右侧插入一个新列。

在此，对表 2.1 进行修改，为其插入一个"平均分"行和一个"总成绩"列，得到表2.2。

表 2.2　插入新行和列的成绩表

姓　　名	英　　语	计 算 机	高　　数	总 成 绩
李明	86	80	93	
王芳	92	76	89	
张楠	78	87	88	
平均分				

5）删除行或列

要删除表格中的某一列或某一行，先将光标定位到此行或此列中的任一单元格中，再单击"布局"选项卡中"行和列"组中的"删除"按钮，在弹出的下拉列表中根据需要选择相应选项即可。若要一次删除多行或多列，则需将其都选中，再执行上述操作。需要注意的是，选中行或列后直接按 Delete 键只能删除其中的内容而不能删除行或列。

6）更改单元格对齐方式

单元格中文字的对齐方式一共有 9 种，默认的对齐方式是靠上左对齐。要更改某些单元格的文字对齐方式，先选中这些单元格，再单击"布局"选项卡中"对齐方式"组中的 9 个小的图例按钮，根据需要的对齐方式单击某个按钮即可。在此，将表 2.2 中的所有内容设置为水平和垂直方向上都居中，得到表 2.3。

表 2.3　对齐设置后的成绩表

姓　名	英　语	计 算 机	高　数	总 成 绩
李明	86	80	93	
王芳	92	76	89	
张楠	78	87	88	
平均分				

7）绘制斜线表头

在创建一些表格时，需要在首行的第一个单元格中分别显示行标题和列标题，有时还需要显示数据标题，这就需要通过绘制斜线表头来进行制作。

要为表 2.3 创建表头，可以通过以下步骤来实现。

① 将光标定位到表格首行的第一个单元格中，并将此单元格的尺寸调大。

② 单击"设计"选项卡中"边框"组中的"边框"下拉按钮，选择"斜下框线"选项即可在单元格中出现一条斜线。

③ 在单元格中的"姓名"文字前输入"科目"后按 Enter 键。

④ 调整两行文字在单元格中的对齐方式分别为"右对齐"、"左对齐"，完成设置后如表 2.4 所示。

表 2.4　插入斜线表头后的成绩表

科　目 姓　名	英　语	计 算 机	高　数	总 成 绩
李明	86	80	93	
王芳	92	76	89	
张楠	78	87	88	
平均分				

4．美化表格

1）修改表格框线

如果要对已创建表格的框线颜色或线型等进行修改，先选中要更改的单元格，若是对整个表格进行更改，将光标定位在任一单元格均可，之后单击"设计"选项卡中"边框"组中的"边框"下拉按钮，选择的"边框和底纹"选项，在弹出的"边框和底纹"对话框中分别选择边框的样式、颜色和宽度，根据需要在该对话框的右侧"预览"区中选择上、下、左、右等将该设置应用于不同边框，设置完成后单击"确定"按钮。

2）添加底纹

为表格添加底纹，先选中要添加底纹的单元格，若是为整个表格添加，则需选中整个表格之后，单击"设计"选项卡中"表格样式"组中的"底纹"按钮，选择其中的颜色即可。

对表 2.4 进行边框和底纹修饰后的效果如表 2.5 所示。

表 2.5　边框和底纹设置后的成绩表

科　目 姓　名	英　语	计　算　机	高　数	总　成　绩
李明	86	80	93	259
王芳	92	76	89	
张楠	78	87	88	
平均分				

5．表格转换为文本

要把一个表格转换为文本，先选择整个表格或将光标定位到表格中，再单击"布局"选项卡中"数据"组中的"转换为文本"按钮，在弹出的"表格转换成文本"对话框中选择分隔单元格中文字的分隔符，之后单击"确定"按钮即可将表格转换成文本。

6．表格排序与数字计算

1）表格中数据的计算

在 Word 2013 中，可以通过在表格中插入公式的方法来对表格中的数据进行计算。例如，要计算表 2.4 中李明的总成绩，首先将光标定位到要插入公式的单元格中，然后单击"布局"选项卡中"数据"组中的"公式"按钮，弹出如图 2.22 所示的"公式"对话框。在对话框的"公式"文本框中已经显示了公式"= SUM（LEFT）"，由于要计算的正是公式所在单元格左侧数据之和，所以此时不需更改，直接单击"确定"按钮就会计算出李明的总成绩并显

图 2.22　"公式"对话框

示出来。若要计算英语课程的平均成绩，将光标定位到要插入公式的单元格中之后，再重复以上操作，也会弹出"公式"对话框，只是此时"公式"文本框中显示的公式是"= SUM（ABOVE）"，由于要计算的是平均成绩，所以此时要使用的计算函数是"AVERAGE"，将"公式"文本框中的"SUM"修改为"AVERAGE"或者通过"粘贴函数"下拉列表选择"AVERAGE"函数，在"编号格式"下拉列表中选择数据显示格式为保留两位小数"0.00"，然后单击"确定"按钮即可计算并显示英语课程的平均成绩。以相同方式计算其余数据，结果如表 2.6 所示。

表 2.6 公式计算后的成绩表

科　目 姓　名	英　语	计　算　机	高　数	总　成　绩
李明	86	80	93	259
王芳	92	76	89	257
张楠	78	87	88	253
平均分	85.33	81.00	90.00	256.33

2）表格中数据的排序

要对表格排序，首先要选择排序区域，如果不选择，则默认对整个表格进行排序。如果要将表 2.6 按"总成绩"进行升序排序，则要选择表中除"平均分"以外的所有行，之后单击"布局"选项卡中"数据"组中的"排序"按钮，弹出如图 2.23 所示的"排序"对话框。

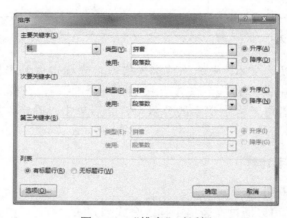

图 2.23 "排序"对话框

在"主要关键字"下拉列表中选择"总成绩"选项，则"类型"的排序方式自动变为"数字"，再选择"升序"排序，根据需要用同样的方式设置"次要关键字"以及"第三关键字"。在对话框底部，选择表格是否有标题行。如果选中"有标题行"单选按钮，那么顶行条目不参与排序，并且这些数据列将用相应标题行中的条目来表示，而不是用"列 1"、"列 2"等方式表示；选中"无标题行"单选按钮则顶行条目将参与排序，此时选中"有标题行"单选按钮，再单击"选项"按钮微调排序，如排序时是否区分大小写等，设置完成后单击"确定"按钮排序，结果如表 2.7 所示。

表 2.7 按"总成绩"升序排序后的成绩表

科　目 姓　名	英　语	计　算　机	高　数	总　成　绩
张楠	78	87	88	253
王芳	92	76	89	257
李明	86	80	93	259
平均分	85.33	81.00	90.00	256.33

实验范例

1. 建立表格

（1）建立表 2.8，并设置其为黑体、加粗、五号字、居中，保存为 D:\表 1.docx。

表2.8 样表1

季度 \ 分公司	香港分公司	北京分公司
一季度销售额	435	543
二季度销售额	567	654
三季度销售额	675	789
四季度销售额	765	765
合 计		

（2）删除表格最后一行。把光标定位到表格最后一行的任意单元格中，单击"布局"选项卡中"行和列"组中的"删除"按钮，在弹出的对话框中选择"删除行"选项即可。

（3）在最后一行之前插入一行。把光标定位到表格最后一行的任意单元格中，单击"布局"选项卡中"行和列"组中的"在上方插入"按钮即可。

（4）在第 3 列的左边插入一列。把光标定位到表格最后一列的任意单元格中，单击"布局"选项卡中"行和列"组中的"在左方插入"按钮即可。

（5）调整列表线的位置到合适的宽度。

（6）制作斜线表头。

① 将光标定位到表格首行的第一个单元格中，并将此单元格的尺寸调大。

② 单击"设计"选项卡中"边框"组中的"边框"下拉按钮，选择"斜下框线"选项即可在单元格中出现一条斜线。

③ 在单元格中的"姓名"文字前输入"科目"后按 Enter 键。

④ 调整两行文字在单元格中的对齐方式分别为"右对齐"、"左对齐"，完成斜线表头的制作。

（7）调整表格在页面中的位置。

① 把光标定位到表格中的任意位置，这时会在表格的左上角出现一个内部有双向十字的方形图标囲。

② 单击此图标并拖动，可以将表格移到任意位置。

（8）绘制不规则表格。

① 单击"插入"选项卡中"表格"组中的"表格"下拉按钮，选择"绘制表格"选项。

② 把光标移到要插入表格的位置，这时光标会变成笔状。按下鼠标左键将其拖动到需要大小释放左键。这时，绘制出的是表格的外框线。

③ 把光标移到表格内，选择"设计"选项卡。

④ 设置边框样式。方法一：单击"设计"选项卡中"边框"组中的"笔样式"右侧的下拉按钮，在弹出的下拉列表中选择绘制表格线需要的框线样式，单击"笔划粗细"右侧的下拉列表按钮，在弹出的下拉列表中选择框线的粗细，单击"笔颜色"按钮，在弹出的下拉列表中选择框线的颜色。

方法二：单击"设计"选项卡中的"边框样式"按钮，从中直接选择样式。

⑤ 单击"设计"选项卡中"边框"组中的"边框"下拉按钮，在弹出的下拉列表中选择"绘制表格"选项。

⑥ 把光标移回文档编辑区，这时光标呈笔状，此时可以使用刚才选择的框线样式自由绘制表格。如果需要更改框线样式，重复步骤③即可。

需要注意的是，Word 2013 取消了原来"边框"组中的"擦除"按钮，新增了"边框刷"按钮。"边框刷"按钮的作用是把当前定义的"边框样式"应用于表格中的特定边框。使用时只需先按照上述步骤④设置边框样式，然后单击"边框刷"按钮，这时光标变成刷子形状，单击表格中的任意框线，即可把设置的边框样式应用到框线上。

请同学们自己设计并绘制复杂的不规则表格，尝试绘制不同的表格，并试着练习使用表格工具栏中"边框刷"按钮。思考怎么使用"边框刷"按钮完成"擦除"功能，并动手实践。

2．编辑表格

（1）将 D:\表 1.docx 中的表格最后一行拆分为另一个表。选中表格的最后一行，单击"布局"选项卡中"合并"组中的"拆分表格"按钮，可见选中行的内容脱离了原表，成为一个新表。试操作并观察结果。

（2）将操作（1）得到的表格重新合并成一个表。将上面表中的最后一个回车符号删除即可。

（3）调整表中行或列的宽度。以列为例，将鼠标指针移到表格中的某一单元格，把鼠标指针停留到表格的列分界线上，使之变为"←‖→"，这样就可以按住鼠标左键不放，左右拖动，使之达到适当位置。行的操作与此类似，请试着操作并观察结果。

3．表格的修饰美化（以 D:\表 1.docx 为例）

（1）表格第 1 列内容中心对齐，后两列右对齐。选中第 1 列，单击"开始"选项卡中"段落"组中的"居中"按钮，观察结果。同理，对后两列进行设置。

也可以利用"布局"选项卡中"对齐方式"组中的按钮进行设置，以达到同样的效果。

（2）修改表格边框。

分析：在 Word 文档中，可为表格、段落或选定文本的四周或任意一边添加边框，也可为文档页面四周或任意一边添加各种边框，包括图片边框，还可为图形对象（包括文本框、自选图形、图片或导入图形）添加边框或框线。在默认情况下，所有的表格边框都为 1/2 磅的黑色单实线；而在 Web 页上，默认情况下，表格没有可打印的边框。

① 单击表格左上角的 ⊞图标，选中整个表格。如要修改指定单元格的边框，只需选定所需单元格，包括单元格结束标记。

② 单击"设计"选项卡中"边框"组中的"边框"下拉按钮，选择"边框和底纹"选项。

③ 在弹出的"边框和底纹"对话框中，对框线的样式、颜色、宽度进行设置，如果应用于单元格，则在"应用于"下拉列表中选择"单元格"选项，否则选择"表格"选项。

④ 在"预览"中分别单击"上"、"下"、"左"、"右"按钮，将设置的边框样式分别应用于表格的上、下、左、右 4 条外边框线；单击水平或垂直的中间按钮，则当前的边框样式会分别应用于表格内部的水平线或垂直线；单击左下角或右下角的按钮，则可为表格中的单元格添加不同方向的斜线。

⑤ 单击"确定"按钮，观察表格边框的变化。

（3）对表格第 1 列加底纹。

方法一：选中表格的第 1 列，依次单击"表格工具"中"设计"选项卡中"表格样式"组中的"底纹"下拉按钮，在弹出的下拉列表中选择适当的颜色即可。

方法二：

① 选中表格的第 1 列，依次单击"表格工具"中"设计"选项卡中"边框"组中的"边框"下拉按钮，在弹出的下拉列表中选择"边框和底纹"选项，弹出"边框和底纹"对话框。

② 选择"边框和底纹"对话框中的"底纹"选项卡，选择所需的选项，并确认在"应用于"下拉列表中选择"单元格"选项后，单击"确定"按钮，即可修改表格的底纹。

（4）自动套用表格的格式。

分析：在已经设计了一个表格之后，可方便地套用 Word 中已有的格式，而不必像操作（2）、操作（3）那样修改表格的边框和底纹。

把鼠标指针移到表格的任一单元格中。

将鼠标指针移至"表格工具"的"设计"选项卡中的"表格样式"组内，鼠标指针停留在哪个样式上，其效果就自动出现在表中，如果效果满意，单击即可完成自动格式套用，十分方便。

（5）将表格转换成文字，并恢复。选中第 2 行～第 5 行，单击"布局"选项卡中"数据"组中的"转换为文本"按钮，弹出"表格转换成文本"对话框，在对话框内选择文本的分隔符为"逗号"，单击"确定"按钮后，便实现了转换。请注意观察结果。

用类似的操作可将转换出来的文本再恢复成表格形式。选中需要转换成表格的对象后，单击"插入"选项卡中"表格"组中的"表格"下拉按钮，选择"文本转换成表格"选项，在弹出的对话框里选择合适的选项即可完成操作。请同学们试一试。

（6）表格中数据的计算与排序。在 Word 中，可以在表格中插入公式来对表格中的数据进行计算和排序。单击"表格工具"中"布局"选项卡中的"公式"按钮，可以在表格中插入公式，如图 2.24 示。在"公式"文本框中可输入相应的公式，也可通过"粘贴函数"查找更多的函数，具体的使用可参阅相关书籍。

因为计算和排序不是 Word 的强项，这些操作将在 Excel 中详细阐述。

实验完成后请正常关闭系统，并认真总结实验过程中取得的收获。

图 2.24 "公式"对话框

任务 1 制作课程表

【操作要求】

设计如表 2.9 所示的课程表。

表2.9　课程表

	星期一	星期二	星期三	星期四	星期五
第一大节					
第二大节					
午休					
第三大节					
第四大节					

表格内的内容依照实际情况进行填充，然后进行如下设置。

表格套用"清单表4—着色1"表格样式，表中文字是小五号楷体，单元格文字的对齐方式为"水平居中"。对原始单元格进行调整设置，设宽度为1.8厘米、高度为0.3厘米。表格四周边框线的宽度由原来的2.25磅调整为1.5磅，其余表格线的宽度为默认值。

表格完成后，试将该表格转换成文字，观察结果；再将文本恢复成表格，再次观察显示结果。

任务2　制作个人简历表

【操作要求】

制作一份个人简历，如表2.10所示。

表2.10　个人简历

个人概况：	姓名：		性别：		民族：	（贴照片处）
	出生年月：		身体状况：		身高：	
	专业：					
	学历：		政治面貌：			
	毕业院校：		通信地址：			
受教育情况：	教育背景：					
	主修课程：					
个人能力：						
社会实践：						
性格特点：						
联系方式：						

实验 3　图文混排与页面设置

实 验 学 时

实验学时：2 学时。

实 验 目 的

➢ 熟练掌握分页符、分节符的插入与删除的方法；
➢ 熟练掌握设置页眉和页脚的方法；
➢ 熟练掌握分栏排版的设置方法；
➢ 熟练掌握页面格式的设置方法；
➢ 熟练掌握插入脚注、尾注、批注的方法；
➢ 熟练掌握图片、剪贴画的插入、编辑及格式设置的方法；
➢ 掌握绘制和设置自选图形的基本方法；
➢ 熟练掌握插入和设置文本框、艺术字、公式的方法。

相 关 知 识

在 Word 中，要想使文档具有很好的美观效果，仅仅通过编辑和排版是不够的，还需要对其进行页面设置，包括页眉和页脚、纸张大小和方向、页边距、页码，是否为文档添加封面以及是否将文档设置成稿纸的形式。此外，有时还需要在文档中的适当位置放置一些图片以增加文档的美观程度。一篇图文并茂的文档显然比单纯文字的文档更具有吸引力。

设置完成之后，还可以根据需要选择是否对文档进行打印输出。

1. 版面设计

版面设计是文档格式化的一种不可缺少的工具，使用它可以对文档进行整体修饰。版面设计的效果要在页面视图中才能看见。

在对长文档进行版面设计时，可以根据需要，在文档中插入分页符或分节符。如果要为该文档不同的部分设置不同的版面格式（如不同的页眉和页脚、不同的页码设置等），就要通过插入分节符，将各部分内容分为不同的节，再设置各部分内容的版面格式。

2. 页眉和页脚

页眉和页脚是指位于正文每一页的页面顶部或底部的一些描述性的文字。页眉和页脚的内容可以是书名、文档标题、日期、文件名、图片、页码等。顶部的称为页眉，底部的称为页脚。

通过插入脚注、尾注或者批注，为文档的某些文本内容添加注释以说明该文本的含义和来源。

3．插入图形、艺术字

在 Word 2013 文档中插入自选图形、艺术字等图形对象和图片，能够起到丰富版面、增强阅读效果的作用，还可以用"绘图工具"的相关工具对它们进行更改和编辑。

图片是由其他文件创建的图形，它包括位图、扫描的图片和照片等。可以使用"绘图工具"中的相关工具对其进行编辑和更改。如果要使插入的图片的效果更加符合我们的需要，则需要对图片进行编辑。对图片的编辑主要包括图片的缩放、复制、剪裁、移动、删除等。图片插入到文档中后，四周会出现 8 个蓝色的控制点，把光标移动到控制点上，当光标变成双向箭头时，拖动鼠标可以改变图片的大小。同时，功能区中出现用于图片编辑的"格式"选项卡，如图 2.25 所示，在该选项卡中有"调整"、"图片样式"、"排列"和"大小" 4 个组，利用其中的按钮可以对图片进行亮度、对比度、位置以及环绕方式等的设置。

图 2.25　图片工具

艺术字是指具有特殊艺术效果的装饰性文字，可以使用多种颜色和多种字体，还可以设置阴影、三维效果，并可将其弯曲、旋转、倾斜和拉伸等。

自选图形可以通过调整其大小、翻转和颜色等，以及多个自选图形组合而创造出更复杂的形状。

文本框可以用来存放文本，是一种特殊的图形对象，可以在页面上进行定位和大小的调整。使用文本框可以为图形添加批注及其他文字。插入文本框的步骤如下。

① 单击"插入"选项卡中"文本"组中的"文本框"按钮，将弹出如图 2.26 所示的下拉列表。

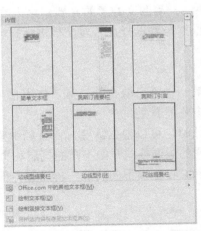

图 2.26　"文本框"按钮下拉列表

② 如果要使用已有的文本框样式，则直接在"内置"选项组中选择所需的文本框样式即可。

③ 如果要手工绘制文本框，可选择"绘制文本框"选项；如果要使用竖排文本框，可选择"绘制竖排文本框"选项。选择后，光标在文档中变成"十"字形状，将光标移动到

要插入文本框的位置，按下鼠标左键并拖动至合适大小后释放左键即可。

④ 在插入的文本框中输入文字。

文本框插入到文档后，在功能区中显示绘图工具"格式"选项卡，文本框的编辑方法与艺术字类似，可以对其及其上文字设置边框、填充色、阴影、发光、三维旋转等。若想更改文本框中的文字方向，可单击"文本"组中的"文字方向"按钮，在弹出的下拉列表中进行选择即可。

使用文本框的好处：其位置可以在整个页面任意处设置，不受行、列位置的限制。

4．"SmartArt"工具

"SmartArt"工具用于帮助用户制作出精美的文档图表对象。使用"SmartArt"工具可以非常方便地在文档中插入用于演示流程、层次结构、循环或者关系的 SmartArt 图形。

在文档中插入 SmartArt 图形的操作步骤如下。

① 将光标定位到文档中要显示图形的位置。

② 单击"插入"选项卡中"插图"组中的"SmartArt"按钮，弹出"选择 SmartArt 图形"对话框。

③ 图中左侧列表中显示的是 Word 2013 提供的 SmartArt 图形类别，有列表、流程、循环、层次结构、关系等。单击某一种类别，会在对话框中间显示该类别下的所有 SmartArt 图形的图例，单击某一图例，在右侧可以预览该 SmartArt 图形，在预览图的下方会有该图的文字介绍。

④ 选中合适的 SmartArt 图形的图例，单击"确定"按钮，即可在文档中插入相应的 SmartArt 图形。插入 SmartArt 图形后，在图形上添加文字即可。

当在文档中插入组织结构图后，在功能区会显示用于编辑 SmartArt 图形的"设计"和"格式"选项卡，如图 2.27 所示，通过 SmartArt 工具可以为 SmartArt 图形进行添加新形状、更改大小、布局以及形状样式等的调整。

图 2.27　SmartArt 工具

请进行操作，体会其功能。

掌握美化文档与图形编辑的方法，包括：

① 设置页面背景的方法；

② 图片与剪贴画的插入与编辑方法；

③ 艺术字的编辑；

④ 自选图形的绘制；

⑤ 插入 SmartArt 图形；

⑥ 文本框的编辑；

⑦ 设置首字下沉的方法；

⑧ 设置边框和底纹的方法。

掌握 Word 2013 文档的页面设置与打印，包括：

① 页面格式设置，对文档所用纸型和页边距等进行设置；

② 分页、分节和分栏排版的方法；

③ 设置页眉和页脚的方法；

④ 插入页码的方法；

⑤ 文档预览与打印等；

⑥ 创建文档封面；

⑦ 稿纸设置。

1. 插入页眉和页脚

① 打开"实验 1"中的文档 1.docx。

② 单击"插入"选项卡中"页眉和页脚"组中的"页眉"按钮，在弹出的下拉列表中选择内置的页眉样式或者选择"编辑页眉"选项。

③ 此时页眉位置内容突出显示，处于可编辑状态。在页眉中输入"计算机应用基础"。

④ 单击"设计"选项卡中"导航"组中的"转至页脚"按钮，光标转至页脚位置，单击"插入"组中的"日期和时间"按钮，在弹出的"日期和时间"对话框中选中第三行格式"×年×月×日星期×"。

⑤ 单击"设计"选项卡中"页眉和页脚"组中的"页码"按钮，在弹出的下拉列表中选择"页面底端"-"普通数字 3"选项。在页面的右下角插入页码。

请同学们自己练习"页眉和页脚工具"功能区中的其他选项，如"首页不同"、"奇偶页不同"、"页眉顶端距离"等。

2. 使用"样式"

1）样式的使用

分析：所谓"样式"，就是 Word 内部或用户命名并保存的一组文档字符或段落格式的组合。可以将一个样式应用于任何数量的文字和段落，如需更改使用同一样式的文字或段落的格式，则只需更改所使用的样式，不管文档中有多少这样的文字或段落，都可一次完成。

① 新建一个名为"样式. docx"的文档，在新文档中输入文字"样式的使用"。

② 单击"开始"选项卡中"样式"组中的"标题 1"按钮，"样式的使用"几个字的字体、字号将自动改变成"标题 1"的设置格式。

③ 保存该文件，请注意观察结果。

2）样式的创建

分析：以"样式"列表框中的"标题 2"为基准标题，创建一个新的样式。

① 将光标置于"样式的使用"这句话的任意位置。

② 依次单击"开始"选项卡中"样式"组中的"创建样式"按钮，弹出"根据格式设置创建新样式"对话框。

③ 在"名称"文本框内输入新建样式的名称"07 新建样式 1"，单击"修改"按钮，在弹出的对话框中设置字体、字号、对齐方式等。

④ 单击"确定"按钮，关闭"根据格式设置创建新样式"对话框。

⑤ 观察功能区的"样式"组，这时可见"07 新建样式 1"已出现在"样式"列表框中了。新创建的样式就可以像其他样式一样使用了。

3）样式的更改

分析： 将样式"07 新建样式 1"由三号改为一号，由黑体改为宋体，再加上波浪线。

在"样式"列表框内选中"07 新建样式 1"并右击，弹出快捷菜单，选择"修改"选项，屏幕上弹出"修改样式"对话框。对原来的样式做想要的修改，如"字体"、"下画线"等。单击"确定"按钮，观察"样式"列表框的改变。

3．拼写和语法

在 Word 中不但可以对英文进行拼写与语法检查，还可以对中文进行拼写和语法检查，这个功能大大减少了文本输入的错误率，使单词和语法的准确性更高了。

为了能够在输入文本时使 Word 自动进行拼写和语法检查，需要进行相关设置。方法是选择"文件"面板中的"选项"选项，在弹出的"Word 选项"对话框中选择"校对"选项，然后选中"键入时检查拼写"和"键入时标记语法错误"复选框，决定是否进行语法或拼写错误检查。设置后，当 Word 检查到有错误的单词或中文时，就会用红色波浪线标出拼写的错误，用蓝色波浪线标出语法的错误。

注意： 由于有些单词或词组有其特殊性，如在文档中输入"photoshop"就会认为是错误的，但事实上并非错误，因此，Word 拼写和语法检查后的错误信息并非绝对错误，对于一些特殊的单词或词组仍可视为正确。

4．插入图片

① 打开文档 1.docx。

② 单击"插入"选项卡中"插图"组中的"图片"按钮，在弹出的"插入图片"对话框中选择事先准备好的图片。

③ 选中图片并拖动，把图片移到合适的位置；把光标移到图片右下角的控制点上，调整图片至适当大小。

④ 单击"格式"选项卡中"排列"组中的"自动换行"按钮，在弹出的下拉列表中选择"四周型环绕"选项，观察文档的变化。

⑤ 在图片样式中可以设定图片边框，任选一种边框样式。图片的设置效果如图 2.28 所示。

图 2.28　文档中插入图片的效果

请同学们自己动手尝试"格式"选项卡中其他功能按钮的作用，如"删除背景"、"艺术效果"、"图片效果"、"剪裁"等，并观察图片的变化。

注意： 在文档中插入的其他图形对象，如自选图形、艺术字等，其格式的编辑设置和图片有很多相似之处，请同学们自己动手实践。

5. 设置页面背景及水印

1) 设置页面背景

① 打开文档 1.docx。

② 单击"设计"选项卡中"页面背景"组中的"页面颜色"按钮，在弹出的下拉列表中选择"填充效果"选项，弹出"填充效果"对话框。

③ 在"填充效果"对话框中选择"纹理"选项卡，单击"鱼类化石"按钮。

④ 单击"确定"按钮，关闭"填充效果"对话框。观察文档的变化。

请同学们按照上述方法给文档设置"渐变"、"图案"、"图片"及单一颜色的背景，观察文档的变化。

2) 设置水印

① 打开文档 1.docx。

② 单击"设计"选项卡中"页面背景"组中的"水印"按钮，在弹出的下拉列表中选择"自定义水印"选项，弹出"水印"对话框。

③ 在"水印"对话框中选择"文字水印"。

④ 在"文字"文本框中输入"计算机发展趋势"，在"语言"下拉列表中选择"中文（中国）"，在"字体"下拉列表中选择"隶书"，在"字号"下拉列表中选择"60"，在"颜色"下拉列表中选择"红色"，选中"半透明"复选框，在"版式"选项组中选择"斜式"。

⑤ 单击"确定"按钮，关闭"水印"对话框。观察文档的变化。

实验做完后请正常关闭系统，并认真总结实验过程中取得的收获。

【原文】

文字内容参见图 2.19。

【操作要求】

（1）完成 Word 2013 本章实验 1 中样本二的操作要求。

（2）页面设置：B5 纸，各边距均为 1.8 厘米，不要装订线。

（3）最后一段加拼音注释。设为黑体小三号字，加粗，红色，下画线。

（4）在页眉处输入自己的姓名、班级、学号，居中显示。在页脚处插入页码，居中显示。

（5）在所给文字的最后输入以下几个符号：

① Wingdings 字体里的 ☺ ☾ ☎。

② Wingdings2 字体里的 ☎ ☞ ✂ ☺。

③ Times New Roman 字体里，子集"拉丁语-1"中的 ⌂。

④ 普通文本里，子集为"拉丁语-1"中的 ⌂。

（6）在最后插入日期，不带自动更新，并且右对齐。

（7）把文字的第一段分成两栏，偏左，加分隔线。

（8）设置文档文字水印：文字为"计算机科学导论"，格式为"楷体、66、深蓝、半透明、斜式"。

（9）在 D 盘建立一个以自己名字命名的文件夹，用于存放自己的 Word 文档作业，该作业以"自己的名字+学号的最后两位"命名。

【原文】

具体内容参见图 2.29。

任务 2

图 2.29　样本

【操作要求】

制作表格并编辑排版，得出如图 2.29 所示的效果。

（1）标题中插入艺术字且居中，黑体，36 号；文字是小四号宋体；每段的首行有两个汉字的缩进。第一段 1.5 倍行距，其余单倍行距。

（2）纸张设置为 A4，上下左右边界均为 2 厘米。

（3）文档部分的段落和文字加边框。

（4）文档有特殊修饰效果，包括首字下沉，文字中有不同的颜色、着重号、突出显示、边框和底纹、下画线等。

（5）样张上有插图，请插入任意两张图片，按样本格式改变其大小和位置，并设置为四周型环绕。在第二张图片上插入文本框，文本框格式设为无填充颜色并加入样张文字说明。

（6）按样张格式在页眉处填写本人的真实院系、专业、班级、姓名、学号、考场号等信息，文字为小五号宋体，居中显示；在页脚处插入日期。

（7）表格名设置为艺术字，表格中的文字是小四号楷体，依照文字内容设置单元格对齐方式（若文字内容"中左对齐"，则单元格设置为中间左对齐）。原始单元格宽度为 1.8厘米、高度为0.3厘米。表格四周边框线的宽度为1.5磅，其余表格线的宽度默认即可。

（8）背景设为填充纸莎草纸纹理。

第3章　电子表格 Excel 2013

本章主要讲述 Excel 的常用操作，通过 3 个实验由浅入深地讲解 Excel 的操作技巧与方法，全面了解工作表的创建与格式编排、公式与函数的应用、数据分析与图表创建。读者通过学习，可以掌握 Excel 的日常操作，利用 Excel 解决学习和生活中遇到的各种表格问题。

实验 1　工作表的创建与格式编排

实 验 学 时

实验学时：2 学时。

实 验 目 的

➢ 掌握 Excel 2013 的基本操作；
➢ 掌握 Excel 2013 各种类型数据的输入和设置方法；
➢ 掌握工作表的编辑步骤和数据的修改方法；
➢ 掌握数据格式化的方法与步骤；
➢ 掌握工作簿的操作，包括插入、删除、移动、复制、重命名工作表等；
➢ 掌握格式化工作表的方法。

相 关 知 识

Microsoft Excel 是微软公司的办公软件 Microsoft Office 的组件之一，是微软办公套装软件的一个重要的组成部分，它可以进行各种数据的处理、统计分析和辅助决策操作，广泛地应用于管理统计、财经金融等众多领域。Excel 中大量的公式函数可以应用选择，使用 Microsoft Excel 可以执行计算，分析信息并管理电子表格或网页中的数据信息列表与数据资料图表制作，可以实现许多方便的功能。

Excel 2013 单元格中的数据包括 3 种数据类型：数值型、文字型、日期时间型。在单元格中输入数值型数据时会自动居右对齐，输入文字时会居左对齐，输入日期时间型数据时要先输入日期，再输入时间，中间以空格分开。当建立工作表时，所有的单元格通常采用默认的数字格式。在输入数值时，如果数字的长度超过单元格的宽度，Excel 将自动使用科学记数法来表示输入的数字。例如，输入"123456789"时，Excel 会在单元格中用"1.23E+08"来显示该数字。

电子表格中的文字通常是指字符或者任何数字和字符的组合。输入到单元格内的任何字符集，只要不被系统解释为数字、公式、日期、时间、逻辑值，那么 Excel 一律将其视为文字。而对于全部由数字组成的字符串，可以通过在其之前添加字符"'"的方法来区分"文本型数据"和"数字型数据"。

在输入表格的数据时，可能有时会输入许多相同的内容，如性别、年份等；有时还会输入一些等差序列或等比序列，如编号等；也可以输入自定义的序列，对于输入这些内容的操作，可以选用 Excel 2013 的"填充功能"来完成，使问题变得容易。Excel 2013 中提供了"快速填充"功能，能智能提取检测用户当前进行的工作，并从数据中进行识别，一次性输入剩余数据。

对工作表进行格式化时，可以进行行高和列宽的调整，插入行、列或单元格，设置边框和底纹，利用条件格式功能来突出数据，设置单元格对齐方式，还可以套用表格样式制作更加专业的表格。

1. Excel 2013 的基本功能与启动退出

（1）Excel 2013 的主要功能：表格制作、数据运算、数据管理、建立图表等。

（2）Excel 2013 的启动和退出方法。

① 启动 Excel 2013 的方法有以下几种。

a．选择"开始"→"所有程序"→"Microsoft Office 2013"→"Excel 2013"选项，即可启动 Excel 2013。

b．双击任意一个 Excel 文件，Excel 2013 就会启动并打开相应的文件。

c．双击桌面快捷方式也可启动 Excel 2013。

② 退出 Excel 2013 的方法有以下几种。

a．单击标题栏左上角的系统图标，选择"关闭"选项。

b．按下 Alt+F4 组合键。

c．单击 Excel 2013 标题栏右上角的"关闭"按钮 ✕ 。

（3）Excel 2013 的窗口组成：快速访问工具栏、标题栏、选项卡、功能区、帮助按钮、名称框、编辑栏、编辑窗口、状态栏、滚动条、工作表标签、视图按钮以及显示比例等。

2. Excel 2013 的基本操作

1）文件操作

（1）建立新工作簿：启动 Excel 2013 后，直接在起始窗口中选择"空白工作簿"即可创建一个空白工作簿，若需要创建其他模板类型的工作簿，则可在选择模板类型后单击"创建"按钮。

（2）打开已有工作簿：如果要对已存在的工作簿进行编辑，则必须先打开该工作簿。单击"文件"→"打开"按钮，或者单击"快速访问工具栏"中的"打开"按钮 ，将显示打开文件操作窗口，通过"最近使用的工作簿"可以打开最近使用过的工作簿，通过单击"计算机"按钮，可以在右侧选择打开最近打开的文件夹中的文件，也可以通过"浏览"按钮选择打开文件，如图 3.1 所示。

（3）保存工作簿：当完成对一个工作簿文件的建立、编辑后，就可将文件保存起来，若该文件已保存过，可直接单击"保存"按钮 将工作簿保存起来。若为一个新文件，将会打开保存文件操作窗口，如图 3.2 所示，可将文件保存在最近访问的文件夹中，也可以单击"浏览"按钮选择文件的保存位置，在之后弹出的"另存为"对话框中输入新文件名后单击"保存"按钮即可。

图 3.1　打开文件操作窗口

图 3.2　新文件保存操作窗口

（4）关闭工作簿。单击"文件"→"关闭"按钮，如果有没有保存的操作，系统将会弹出对话框询问用户是否进行保存。

2）选定单元格操作

① 选定单个单元格。

② 选定连续或不连续的单元格区域。

③ 选定行或列。

④ 选定所有单元格。

3）工作表的操作

① 选定工作表：选定单个工作表、多个工作表、全部工作表。

② 工作表重命名。

③ 移动、复制、插入、删除工作表。

4）输入数据

① 文本、数值的输入。

② 日期和时间的输入。

③ 批注的输入。

④ 自动填充数据。

⑤ 自定义序列。

3. 编辑工作表

（1）编辑和清除单元格中的数据。

（2）移动和复制单元格。

（3）插入单元格、行和列。

（4）删除单元格、行和列。

（5）查找和替换操作。

（6）给单元格加批注。

（7）命名单元格。

（8）拆分与冻结工作表。

4. 格式化工作表

（1）设置字符、数字、日期以及对齐格式。

（2）调整行高和列宽。

（3）设置边框、底纹和颜色。

5. 使用条件格式

条件格式可以根据条件更改单元格区域的外观，有助于突出显示所关注的单元格或单元格区域，强调异常值，使用数据条、颜色刻度和图标集来直观地显示数据。

6. 套用表格格式

Excel 2013 提供了一些已经制作好的表格格式，制定报表时，可以套用这些格式，制作出既漂亮又专业化的表格。

7. 使用单元格样式

要在一个步骤中应用几种格式，并确保各个单元格格式一致，可以使用单元格样式。单元格样式是一组已定义的格式特征，如字体和字号、数字格式、单元格边框和单元格底纹。

（1）应用单元格样式。

（2）创建自定义单元格样式。

实 验 范 例

- -

（1）启动 Excel 2013（启动 Excel 2013 有多种方法，请思考并实际操作）。

（2）认识 Excel 2013 的窗口构成，主要包括 Excel 2013 功能区、选项卡、组和对话框。

（3）熟悉 Excel 2013 各个选项卡的组成。

（4）Excel 文件的建立与单元格的编辑。建立"学生成绩表"，如表 3.1 所示。

表 3.1　学生成绩表

姓　　名	课 程 名 称				平 均 成 绩
	操作系统	数据库	程序设计	数据结构	
张　三	89	92	95	96	
李　四	78	89	84	88	
王　五	67	74	83	79	
赵　六	86	87	95	89	
钱　七	53	76	69	76	
孙　八	69	86	59	77	

建立学生成绩表的操作步骤如下。

1）建立工作表

① 录入数据。双击工作表标签"Sheet1"，键入新名称"学生成绩表"并覆盖原有名称，将表头、记录等数据输入到表中。选中 B1～E1 的单元格区域，将这几个单元格合并居中，以同样的方法将 A1～A2、F1～F2 合并居中。合并后的表如图 3.3 所示。

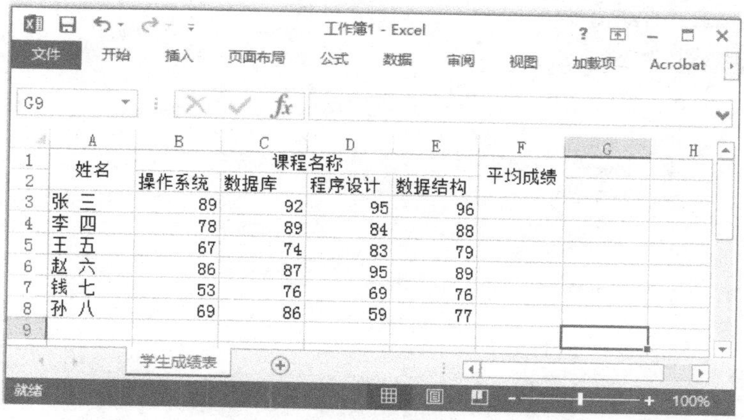

图 3.3　录入数据示意图

② 输入标题，设置工作表格式。单击工作表左侧的行标"1"，即选中首行，右击，在弹出的快捷菜单中选择"插入"选项，在表的最上方插入一行。将 A1～G1 的单元格合并居中，然后输入标题"学生成绩表"，设置标题字体为"楷体"、"蓝色"、"22"。

③ 在表中"平均成绩"列的右侧添加列标题"总成绩"，并设置单元格 G2～G3 合并居中。

部分单元格调整设置后的工作表如图 3.4 所示。

2）格式化表格

通过鼠标拖动选择区域 A2：G9，单击"开始"选项卡中"字体"组右下角的对话框启动按钮 ，弹出如图 3.5 所示的"设置单元格格式"对话框，在这个对话框中有"数字"、

"对齐"、"字体"等6个选项卡，可以通过这些选项卡中的设置选项来给所选择区域设置字体、添加边框、底纹等。

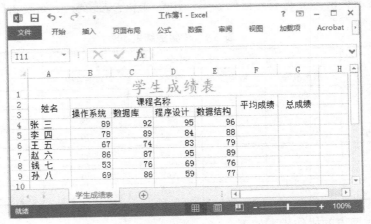

图3.4　格式调整后的工作表

图3.5　"设置单元格格式"对话框

　　在图 3.5 所示的对话框中进行设置，将表格中的内容设为居中对齐、字体设为仿宋并为表格加上外框线和内部框线。再将行标题和列标题中的文字进行字体加粗设置，并添加适当的底纹，完成后效果如图 3.6 所示。

　　3）使用条件格式

　　选中区域 B4：E9，单击"开始"选项卡中"条件格式"组中"突出显示单元格规则"中的"小于(L)…"按钮，将弹出条件格式设置"小于"对话框，在左侧文本框中输入 60，右侧保持默认设置，如图 3.7 所示。设置完成后单击"确定"按钮，此时可看到工作表中的成绩区域中不及格的单元格已被突出显示，如图 3.8 所示。

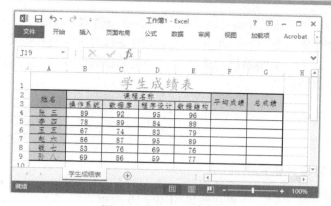

图 3.6　格式化后的表格

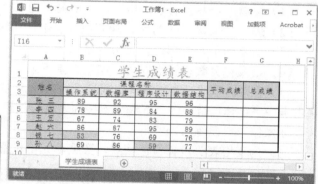

图 3.7　条件格式设置"小于"对话框

图 3.8　使用条件格式后的表格

4）套用表格格式

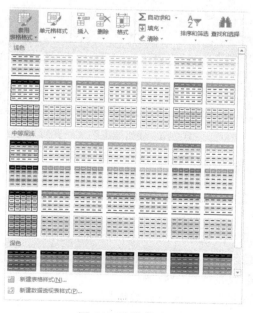

图 3.9　表格格式

Excel 2013 为用户提供了许多可以直接使用的表格格式，如图 3.9 所示。在完成表格输入后，也可以直接选择一个合适的并且自己喜欢的格式对表格进行美化。

实验做完后，请正常关闭系统，要注意在做实验的过程中对文件的保存操作，并认真总结实验过程中取得的收获。

实验要求

任务 1　制作表格并格式化（一）

制作表格并进行格式化，完成后效果如图 3.10 所示。

【操作要求】

（1）标题：合并且居中，仿宋，文字大小为 22，红色，加粗。

（2）表头：宋体，11 号字，深蓝色，居中，加粗。

（3）所有的单元格都设置成居中显示。

（4）不及格分数设置为红色、加粗、单下画线。

（5）表格内框线设为细线，外框线设为粗线。（注意，使用多种方法，既可以用"开始"选项卡中"字体"组中的"框线"下拉列表进行设置，也可以用"笔"选好线型直接画出，请实际操作，自己练习。）

（6）为表格表头设置橙色底纹，数据单元格设置为浅绿色底纹。

成绩统计表

学号	姓名	课程名称				总成绩
		物理	外语	高数	计算机	
2004401118	王国朋	60	45	43	54	
2005401101	曹子建	95	82	81	78	
2005401104	杜再翼	92	63	79	98	
2005401105	段长伟	95	57	78	67	
2005401107	郭树堂	53	55	77	89	
2005401108	郭晓宇	58	57	85	65	
2005401110	何栋	81	77	59	78	
2005401111	侯超强	75	81	49	76	
2005401113	黄小伟	40	44	84	87	
2005401117	李鹏	83	49	77	73	

图 3.10　表格效果图（一）

任务 2　制作表格并格式化（二）

制作表格并进行格式化，完成后效果如图 3.11 所示。

【操作要求】

（1）标题：合并且居中，黑体，16 号字，加粗，红色。

（2）表头：宋体，12 号字，居中，加粗。

（3）所有的单元格都设置成居中显示。

（4）各列数据用合适的填充方式进行数据填充。

（5）内框线用细线描绘，外框线用粗框线描绘。

（6）将"性别"列为"女"的单元格设置成"浅红填充色深红色文本"，将"男"的单元格设置成"绿填充色深绿色文本"。

（7）为表格表头设置浅绿色底纹。

学生信息表							
学号	姓名	院系	专业	性别	年龄	宿舍号	宿舍电话
20140106001	李文亮	控制工程	自动化	男	18	2#201	63551234
20140106002	张金科	控制工程	自动化	男	19	2#201	63551234
20140106003	贺俊霞	控制工程	自动化	女	19	3#306	63551258
20140106004	张红霞	控制工程	电器	女	18	3#307	63551259
20140106005	张俊玲	控制工程	电器	女	18	3#307	63551259
20140108001	张庆红	计算机	软件工程	男	19	2#506	63551246
20140108002	韩永军	计算机	软件工程	男	19	2#506	63551246
20140108003	张敬伟	计算机	软件工程	男	18	2#506	63551246

图 3.11　表格效果图（二）

实验 2　公式与函数的应用

实验学时

实验学时：2 学时。

实验目的

➢ 掌握单元格相对地址与绝对地址的应用；
➢ 掌握公式的使用；
➢ 掌握常用函数的使用；
➢ 掌握"插入函数"对话框的操作方法。

相关知识

在工作表中输入数据后，运用公式可以对表格中的数据进行计算并得到需要的结果。在 Excel 中，公式是对工作表中的数据进行计算操作最为有效的手段之一。而函数实际上是一些预定义的公式，使用函数进行计算可以大大简化公式的输入过程，只需设置函数的必要参数即可进行正确的计算。

在 Excel 中使用公式是以等号"="开始的，以各种运算符将数值和单元格引用、函数返回值等组合起来，形成表达式。Excel 2013 会自动计算公式表达式的结果，并将其显示在"="所在单元格中。

1. 单元格引用类型

在使用公式和函数时，可以引用本工作簿或其他工作簿中任何单元格区域的数据，此时在公式和函数中要输入的是单元格区域地址。引用后，计算结果的值会随着被引用单元格的值的变化而变化。

单元格地址根据被复制到其他单元格中时是否改变，可分为相对引用、绝对引用和混合引用 3 种类型。

（1）相对引用。相对引用是指当前单元格与公式或函数所在单元格的相对位置。运用相对引用，当公式或函数所在单元格的位置发生改变时，引用也随之改变。列号与行号的组合即为该单元格的相对引用地址格式，如 B5 和 C5。

（2）绝对引用。绝对引用指工作表中固定位置的单元格，它的位置与包含公式或函数的单元格无关。如果在列号与行号前面均加上"$"符号就代表该单元格的绝对引用地址格式，如$B$2 和$C$2。

（3）混合引用。混合引用是指在一个单元格地址中使用绝对列和相对行，或者相对列和绝对行，如$A1 或 A$1。当含有公式或函数的单元格因复制等原因引起行、列引用的变化时，相对引用部分会随着位置的变化而变化，而绝对引用部分不随位置的变化而变化。

2. 同一工作簿不同工作表的单元格引用

要在公式或函数中引用同一工作簿不同工作表的单元格内容，则需在被引用的单元格或区域前注明其所在的工作表名。具体引用格式如下：被引用的工作表名称！被引用的单元格地址。例如，要以相对引用形式引用工作表 Sheet5 中的 D2 单元格，表达式为"Sheet5!D2"。

在输入单元格引用地址时，除了可以使用键盘键入外，还可以使用鼠标直接进行操作。仍以上面单元格引用为例，首先打开目的工作表并选取目的单元格，键入"="，单击 Sheet5 工作表标签，再单击 D2 单元格，按 Enter 键完成键入，此时，目的单元格的编辑栏中将显示"=Sheet5!D2"。一般来讲，使用鼠标选取引用方式时，Excel 均默认为单元格的相对引用。

3. 不同工作簿的单元格引用

要在公式或函数中引用其他工作簿中的单元格内容，则需在被引用的单元格或区域前注明其所在的工作簿名和工作表名。具体引用格式如下：[被引用的工作簿名称]被引用的工作表名称！被引用的单元格地址。例如，要以相对引用形式引用工作簿 Book1 中工作表 Sheet1 中的 A5 单元格，表达式为"[Book1.xlsx]Sheet1!A5"。

4. 公式

（1）输入公式：单击要输入公式的单元格，在单元格中必须先输入一个等号，然后输入所要的公式，最后按 Enter 键。Excel 2013 会自动计算公式表达式的结果，并将其显示在相应的单元格中。

（2）单元格的引用：单元格的引用分为相对引用、绝对引用和混合引用。

5. 函数

函数是一些预先定义好的特殊公式，运用一些称为参数的特定的顺序或结构进行计算，然后返回一个值。

（1）函数的分类：Excel 2013 提供了财务函数、统计函数、日期与时间函数、查找与引用函数、数学与三角函数等多类函数。一个函数包含等号、函数名称、函数参数 3 部分。函数的一般使用格式为“=函数名（参数）”。

（2）函数的输入：函数的输入有两种方法，一种是在单元格中直接输入函数，另一种是使用“插入函数”对话框插入函数。

（3）常用函数的使用：常用函数包括 SUM 函数、AVERAGE 函数、MAX 函数、MIN 函数、COUNT 函数、COUNTIF 函数、IF 函数、RANK 函数等。

在使用公式和函数对单元格进行引用时，除了要考虑到单元格的地址引用类型之外，还要考虑单元格所在的位置，即是对同一工作簿同一工作表的单元格引用，还是对同一工作簿不同工作表的单元格引用，或是对不同工作簿的单元格引用。

实验范例

制作如图 3.12 所示的表格。

操作步骤如下。

（1）制作标题：在 A1 单元格中输入“学生成绩表”，将其设置成黑体，加粗，18 号，然后将 A1～H1 单元格合并并居中。

（2）基本内容的输入：输入 A2：A13 区域、B2：E9 区域中各个单元格的内容。注意：其中部分单元格需要合并。

（3）函数的应用。利用函数求得各单元格中所需数据。

① 求平均成绩：选中 F4 单元格，输入“= AVERAGE(B4:E4)”，按 Enter 键，计算出第一位同学的平均成绩。利用填充柄拖动至单元格 F9，计算出其余人的平均成绩。选中区域 F4：F9，设置为数值格式，小数点后保留两位有效数字。

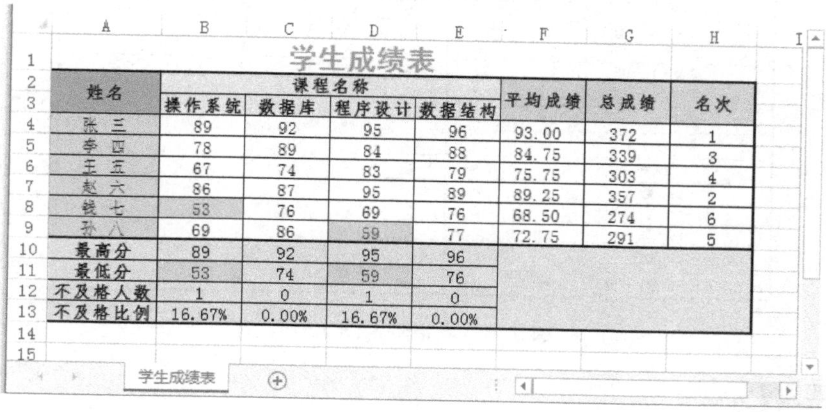

学生成绩表

姓名	课程名称				平均成绩	总成绩	名次
	操作系统	数据库	程序设计	数据结构			
张 三	89	92	95	96	93.00	372	1
李 四	78	89	84	88	84.75	339	3
王 五	67	74	83	79	75.75	303	4
赵 六	86	87	95	89	89.25	357	2
钱 七	53	76	69	76	68.50	274	6
孙 八	69	86	59	77	72.75	291	5
最高分	89	92	95	96			
最低分	53	74	59	76			
不及格人数	1	0	1	0			
不及格比例	16.67%	0.00%	16.67%	0.00%			

学生成绩表

图 3.12　实验范例表格

② 求总成绩：选中 G4 单元格，输入“= SUM(B4:E4)”，按 Enter 键，计算出第一位同学的总成绩。利用填充柄拖动至单元格 G9，计算出其余人的总成绩。

③ 求名次：计算每位同学的总成绩排名要使用 RANK 函数，在这个函数的参数设置时需要使用到绝对引用的地址形式。选中 H4 单元格，输入“=RANK(G4,$G$4:$G$9)”，按 Enter 键，计算出第一位同学的名次。利用填充柄拖动至单元格 H9，计算出其余人的名次。

④ 求最高分：选中 B10 单元格，输入"=MAX(B4:B9)"，按 Enter 键，计算出高等数学的最高分。利用填充柄拖动至单元格 E10，计算出其余科目的最高分。

⑤ 求最低分：选中 B11 单元格，输入"=MIN(B4:B9)"，按 Enter 键，计算出高等数学的最低分。利用填充柄拖动至单元格 E11，计算出其余科目的最低分。

⑥ 求不及格人数：选中 B12 单元格，输入"=COUNTIF(B4:B9,"<60")"，按 Enter 键，计算出高等数学的不及格人数。利用填充柄拖动至单元格 E12，计算出其余科目的不及格人数。

⑦ 求不及格比例：选中 B13 单元格，输入"=B12/COUNT(B4:B9)"，按 Enter 键，计算出高等数学的不及格比例。利用填充柄拖动至单元格 E13，计算出其余科目的不及格比例。选中区域 B13：E13，设置为百分比格式，小数点后保留两位有效数字。

（4）给表格加上相应的边框，将所有单元格设置为居中对齐方式，不及格的成绩突出显示。

实验做完后请正常关闭系统，并认真总结实验过程中取得的收获。

 实验要求 --------

制作表格并进行计算，完成后效果如图 3.13 所示。

成绩登记册

序号	姓名	性别	英语	计算机	高数	总分	是否及格（英语）	排名（总分降序）
1	陈俊羽	女	81	90	74	245	是	3
2	董宏哲	男	63	71	79	213	是	6
3	冯潇雯	男	72	82	81	235	是	5
4	付慧琳	女	54	89	55	198	否	9
5	葛喜锋	男	79	75	82	236	是	4
6	郭海珠	女	26	54	67	147	否	10
7	韩京京	女	37	69	98	204	否	8
8	李波	男	82	73	51	206	是	7
9	李德彦	男	85	98	84	267	是	1
10	李豪	男	98	74	76	248	是	2
平均分			67.7	77.5	74.7			
最高分			98	98	98			
最低分			26	54	51			
90—100人数			1	2	1			
80—89人数			3	2	3			
70—79人数			2	4	3			
60—69人数			1	1	1			
60分以下人数			3	1	2			
优秀率（大于90分为优秀）			10%	20%	10%			

图 3.13　表格效果图（一）

【操作要求】

将工作表命名为"成绩册"，在完成表格计算时，要求平均分、总分、排名、最高分、最低分、各成绩段人数等都要用函数完成计算，要熟练掌握 SUM 函数、AVERAGE 函数、MAX 函数、MIN 函数、COUNT 函数、COUNTIF 函数、IF 函数以及 RANK 函数的应用。

掌握同一工作簿不同工作表的单元格引用的方法。

【操作要求】

（1）打开刚才建立的工作簿文件，并为其添加一张工作表，更改名称为"学生信息"。在工作表中录入数据，完成后如图 3.14 所示。

（2）将“成绩册”工作表中的“序号”列的内容替换为“学生信息”工作表中“学号”列的内容，要求通过数据引用的方式获得。

（3）在“成绩册”工作表中的“英语”列前增加新列，列名为“班级”，该列数据同样要求以数据引用的方式从“学生信息”工作表中的相应列中获得。

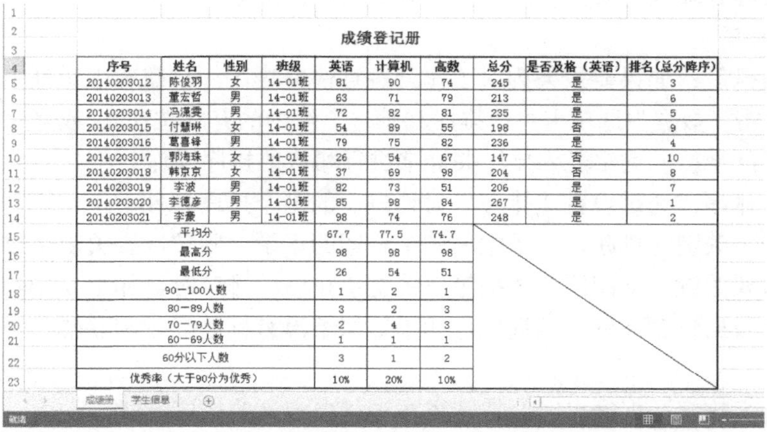

（4）调整表格，进行单元格的合并等，完成后效果如图 3.15 所示。

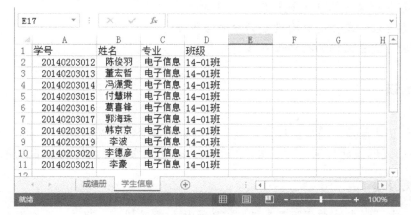

学号	姓名	专业	班级
20140203012	陈俊羽	电子信息	14-01班
20140203013	董宏哲	电子信息	14-01班
20140203014	冯潇雯	电子信息	14-01班
20140203015	付慧琳	电子信息	14-01班
20140203016	葛喜锋	电子信息	14-01班
20140203017	郭海珠	电子信息	14-01班
20140203018	韩京京	电子信息	14-01班
20140203019	李波	电子信息	14-01班
20140203020	李德彦	电子信息	14-01班
20140203021	李豪	电子信息	14-01班

图 3.14　“学生信息”表

成绩登记册

序号	姓名	性别	班级	英语	计算机	高数	总分	是否及格（英语）	排名(总分降序)
20140203012	陈俊羽	女	14-01班	81	90	74	245	是	3
20140203013	董宏哲	男	14-01班	63	71	79	213	是	6
20140203014	冯潇雯	男	14-01班	72	82	81	235	是	5
20140203015	付慧琳	女	14-01班	54	89	55	198	否	9
20140203016	葛喜锋	男	14-01班	79	75	82	236	是	4
20140203017	郭海珠	女	14-01班	26	54	67	147	否	10
20140203018	韩京京	女	14-01班	37	69	98	204	否	8
20140203019	李波	男	14-01班	82	73	51	206	是	7
20140203020	李德彦	男	14-01班	85	98	84	267	是	1
20140203021	李豪	男	14-01班	98	74	76	248	是	2
平均分				67.7	77.5	74.7			
最高分				98	98	98			
最低分				26	54	51			
90—100人数				1	2	1			
80—89人数				3	2	3			
70—79人数				2	4	3			
60—69人数				1	1	1			
60分以下人数				3	1	2			
优秀率（大于90分为优秀）				10%	20%	10%			

图 3.15　表格效果图（二）

实验 3　数据分析与图表创建

实验学时

实验学时：2 学时。

实验目的

➢ 掌握快速排序、复杂排序及自定义排序的方法；

> ➤ 掌握自动筛选、自定义筛选和高级筛选的方法；
> ➤ 掌握分类汇总的方法；
> ➤ 掌握合并计算的方法；
> ➤ 掌握各种图表，如柱形图、折线图、饼图等的创建方法；
> ➤ 掌握图表的编辑及格式化的操作方法；
> ➤ 掌握快速突显数据的迷你图的处理方法；
> ➤ 掌握 Excel 文档的页面设置的方法与步骤；
> ➤ 掌握 Excel 文档的打印设置及打印方法。

相关知识

Excel 不仅具有强大的数据计算功能，还具有数据分析和统计功能，也可以通过图表、图形等多种形式形象地显示处理结果，帮助用户轻松制作各类功能的电子表格。

1. 数据管理

Excel 提供了强大的数据管理功能，可以运用数据的排序、筛选、分类汇总、合并计算和数据透视表等各项处理操作功能，实现对复杂数据的分析与处理。

1）数据排序

（1）快速排序：如果要按某列对工作表进行快速排序，只需选中该列中的任意一个单元格，然后单击"数据"选项卡中"排序和筛选"组中的升序按钮 ↓ 或降序按钮 ↓，则工作表中的数据就会按所选字段为排序关键字进行相应的排序操作。

（2）复杂排序：通过设置"排序"对话框中的多个排序条件对工作表中的数据进行排序。首先按照主关键字排序，对于主关键字相同的记录，则按次要关键字排序，若记录的主关键字和次要关键字都相同，才按第三关键字排序。排序时，如果要排除第一行的标题行，则选中"数据包含标题"复选框，如果数据表没有标题行，则取消选中"数据包含标题"复选框。

（3）自定义排序：根据自己的特殊需要进行自定义的排序方式。

2）数据筛选

数据筛选的主要功能是将符合要求的数据集中显示在工作表上，不符合要求的数据暂时隐藏，从而从工作表中检索出有用的数据信息。Excel 2013 中常用的筛选方式有如下几种。

（1）自动筛选：进行简单条件的筛选。

（2）自定义筛选：提供多条件定义的筛选，在筛选工作表时更加灵活。

（3）高级筛选：以用户设定的条件对工作表中的数据进行筛选，可以筛选出同时满足两个或两个以上条件的数据。

3）分类汇总

在对数据进行排序后，可根据需要进行简单分类汇总和多级分类汇总，以达到按类别进行相关统计的功能。

2．图表创建与编辑

1）图表创建

为使表格中的数据关系更加直观，可以将数据以图表的形式表示出来。通过创建图表可以更加清楚地了解各个数据之间的关系和数据之间的变化情况，方便地对数据进行对比和分析。根据数据特征和观察角度的不同，Excel 提供了包括柱形图、折线图、饼图、条形图、面积图、XY 散点图、股价图等多种图表类型供用户选用，每一类图表又有若干个子类型。

在 Excel 中，无论建立哪一种图表，都只需选择图表类型、图表布局和图表样式，便可以很轻松地创建具有专业外观的图表。

2）图表编辑

选中已经创建的图表，在 Excel 窗口原来选项卡的位置右侧增加了"图表工具"选项卡，并提供了"设计"和"格式"选项卡，以方便对图表进行更多的设置与美化。

（1）"设计"选项卡可提供如下功能。

① 图表的数据编辑。

② 数据行/列之间快速切换。

③ 选择放置图表的位置。

④ 图表类型与样式的快速改换。

⑤ 添加图表元素，如图表标题、坐标轴标题、图例等。

⑥ 快速更改图表布局。

（2）"格式"选项卡可提供如下功能。

① 对图表进行插入形状设置。

② 设置图表中各元素的形状格式和文本格式。

③ 更改图表大小。

（3）快速突显数据的迷你图

Excel 2013 中仍然具有"迷你图"功能，利用迷你图可以仅在一个单元格中绘制出简洁、漂亮的小图表，并且数据中潜在的价值信息也可以醒目地呈现在屏幕之上。

3．打印工作表

完成对工作表的数据输入、编辑和格式化工作后，就可以打印工作表了。在 Excel 中表格的打印设置与 Word 文档中的打印设置有很多相同的地方，但也有不同的地方，如打印区域的设置、页眉和页脚的设置、打印标题的设置及打印网格线、行号、列号等。

如果只想打印工作表某部分数据，可以先选定要打印输出的单元格区域，再在打印设置时选择"打印选定区域"，选择打印选项后，就可以只打印被选定的内容了。

如果想在每一页重复地打印出表头，可以通过单击"页面布局"选项卡中"页面设置"组中右下角的对话框启动按钮，弹出"页面设置"对话框，选择"工作表"选项卡，在"打印标题"选项组的"顶端标题行"或"左端标题列"编辑栏中输入或用鼠标选定要重复打印输出的行标题或列标题即可，如图 3.16 所示。

打印输出之前需要先在图 3.16 所示的"页面设置"对话框中进行页面设置，再进行打印预览，当对编辑的效果感到满意时，就可以正式打印工作表了。

图 3.16　"页面设置"对话框

实验范例

制作如图 3.17 所示的员工信息表，之后选中"姓名"和"年龄"两列为数据区，通过"插入"选项卡中的"图表"功能制作三维簇状柱形图，并对图表进行编辑，完成后如图 3.18 所示。

操作步骤如下。

（1）新建一个 Excel 文件，输入如图 3.17 所示的电子表格数据。

	A	B	C	D	E	F	G	H	I	J
1	姓名	性别	年龄	籍贯	学历	部门	职位	基本工资	交通补贴	督补
2	曾云	男	42	湖南	博士	人力资源部	总经理	7200	500	300
3	杜媛媛	女	34	重庆	中专	市场部	普通职员	2350	100	300
4	陈其风	女	35	江苏	大本	技术部	部门经理	4300	200	300
5	赵晓	男	31	山东	中专	财务部	普通职员	2350	100	300
6	蒋梅梅	女	33	辽宁	硕士	销售部	部门经理	5800	300	300
7	安静	女	30	河北	大专	销售部	普通职员	2250	100	300
8	于曼	男	27	湖南	中专	客服部	普通职员	2300	100	300
9	余康	女	28	山东	博士	财务部	部门经理	5450	200	300
10	魏纲	男	39	辽宁	高中	市场部	普通职员	2800	100	300
11	韩美丽	女	30	四川	大本	客服部	普通职员	2400	100	300
12	董康	女	39	浙江	高中	行政部	普通职员	2250	100	300
13	蒋安	男	30	广东	硕士	工程部	部门经理	4250	200	300
14	余纲	女	33	湖南	高中	客服部	普通职员	2500	100	300
15	吕梦	男	30	重庆	硕士	信息部	部门经理	4350	200	300
16	曾惠	男	27	江苏	大专	销售部	普通职员	2200	100	300
17	蒋曼	女	28	山东	中专	销售部	普通职员	2800	100	300

图 3.17　员工信息表

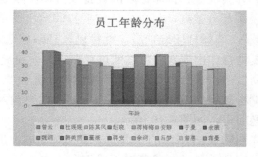

图 3.18　图表效果图

（2）在表格的上方连续插入 4 个空行，在 A1：E3 区域中输入高级筛选条件，如图 3.19 所示。

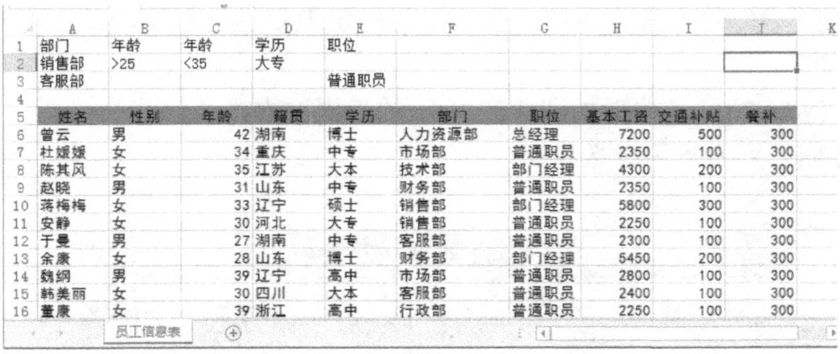

图 3.19　输入高级筛选条件

（3）选中 A5：J21 区域，单击"数据"选项卡中"排序和筛选"组中的"高级"按钮，弹出"高级筛选"对话框，在"方式"选项组中选中"将筛选结果复制到其他位置"，确认"列表区域"所显示的单元格区域无误后，单击"条件区域"文本框右侧的折叠对话框按钮，将对话框折叠起来，然后在工作表中选定条件区域 A1：E3，再单击展开对话框按钮，返回"高级筛选"对话框；以同样的方式指定"复制到"为工作表中的单元格，设置完成后如图 3.20 所示，单击"确定"按钮关闭对话框。

图 3.20　"高级筛选"对话框

（4）完成高级筛选后的工作表如图 3.21 所示。仔细观察结果，体会筛选功能的效果。

（5）制作图表。选择"姓名"列后，按 Ctrl 键，继续通过鼠标拖动选择"年龄"列，之后单击"插入"选项卡中"图表"组中的"插入柱形图"中的"三维簇状柱形图"选项，可以看到一个图表已经插入到工作表中。

（6）编辑图表。选中图表，利用"图表工具"设置图表的坐标轴标题、图例以及填充色等。

实验做完后请正常关闭系统，并认真总结实验过程中取得的收获。

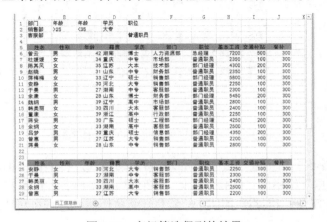

图 3.21　高级筛选得到的结果

从不同角度分析、比较图表数据，根据不同的管理目标选择不同的图表类型进行分析。操作步骤如下。

（1）启动 Excel 2013，编辑如图 3.22 所示的表格数据，将该表命名为"销售业绩表"。其中，"销售总额"列要求用函数求出。

销售区域	一季度	二季度	三季度	四季度	销售总额
北京	73400.00	92600.00	84200.00	87560.00	337760.00
上海	73400.00	83540.00	93120.00	89340.00	339400.00
深圳	90400.00	96340.00	86420.00	77600.00	350760.00
杭州	99700.00	84290.00	72510.00	77280.00	333780.00
天津	52510.00	74130.00	79500.00	80210.00	286350.00
重庆	69500.00	73540.00	69570.00	71420.00	284030.00
厦门	98750.00	92100.00	92460.00	88900.00	372210.00
海南	88200.00	70110.00	95410.00	90360.00	344080.00
广州	104560.00	89780.00	92650.00	95140.00	382130.00

图 3.22　销售业绩表

（2）利用"图表向导"制作图表，并进行分析。

现在根据下述要求变换图表类型并进行数据分析。

① 分析比较一年来各销售区域每个季度的销售业绩。选中表格中除"销售总额"行和列的所有数据，即选定区域 A3：F12。单击"插入"选项卡中"图表"组中相应的图表类型即可完成图表的插入，例如，依次单击"插入"选项卡中"图表"组中的"插入柱形图"按钮，在下拉列表中选择"二维柱形图"中的"簇状柱形图"选项，结果如图 3.23 所示。可以利用之前介绍的方法对图表进行编辑，根据图表即可对各个销售区域的销售情况进行分析比较。

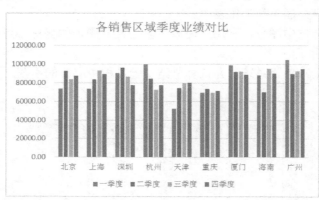

图 3.23　各销售区域季度业绩对比柱形图

② 分析比较各季度的销量。选中图 3.23 所示的图表，再单击"图表工具"中的"设计"选项卡中"数据"组中的"切换行/列"按钮，即可得出各种产品在各个月份的销量情况，结果如图 3.24 所示。根据图表即可对各季度的销售情况进行分析比较。

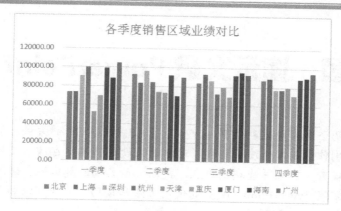

图 3.24　各季度销售区域业绩对比柱形图

（3）对数据进行筛选显示。例如，只显示 4 个季度中销量超过 80000 元的季度；或者筛选出业绩超过 60000 元的销售区域。请试着操作，并观察结果。

第 4 章　演示文稿 PowerPoint 2013

本章将通过两个实验讲述利用 PowerPoint 2013 制作 PPT 的方法。演示文稿的创建和修饰将讲述怎么制作最基本的演示文稿，动画效果设置将讲述在演示文稿中加入动画和音频，使得演示文稿有声有色并能突出重点，提高演示文稿的趣味性。通过这两个实验，使读者由浅入深地掌握 PowerPoint 2013 的使用方法和技巧，读者可以制作符合实际需要的 PPT 以满足学习和工作的需要。

实验 1　演示文稿的创建与修饰

实验学时

实验学时：2 学时。

实验目的

➢ 掌握演示文稿的创建和编辑；
➢ 学会在幻灯片中进行文字和图片的插入及修改；
➢ 学会幻灯片中页眉和页脚的设置；
➢ 学会在幻灯片中插入艺术字、表格及图片；
➢ 学会更改所有幻灯片主题；
➢ 学会对单个和所有幻灯片背景进行设置和修改。

相关知识

PowerPoint 是一款专门用来制作演示文稿的应用软件，也是 Microsoft Office 系列软件中的重要组成部分。使用 PowerPoint 可以制作出集文字、图形、图像、声音以及视频等多媒体元素为一体的演示文稿，让信息以更轻松、更高效的方式表达出来。Microsoft 公司最新推出的 PowerPoint 2013 办公软件除了拥有全新的界面外，还添加了许多新功能，使软件应用更加方便快捷。

PowerPoint 2013 在继承了旧版本优秀特点的同时，明显调整了工作环境及工具按钮，从而更加直观和便捷。此外，PowerPoint 2013 还新增了一些功能和特性，例如：

① 新增和改进的演示者工具。
② 友好的宽屏。
③ 在 PowerPoint 2013 中可启动的联机会议。
④ 对象均匀地排列和隔开对象。

⑤ 新的取色器，可实现颜色匹配。

⑥ 共享用户的 Office 文件并保存到云。

⑦ 用户可以显示或隐藏批注和修订。

1. PowerPoint 2013 的基本功能与启动退出

（1）PowerPoint 2013 的主要功能：演示文稿制作、动画创建、超级链接及模板的使用、幻灯片切换以及放映方式的设置等。

（2）PowerPoint 2013 启动和退出的方法。

① 启动的方式有以下几种。

a. 选择"开始"→"所有程序"→"Microsoft Office 2013"→"PowerPoint 2013"选项。

b. 双击任意一个 PowerPoint 文件，PowerPoint 2013 会启动并且打开相应的文件。

c. 双击桌面快捷方式也可启动 PowerPoint 2013。

② 退出的方法有以下几种。

a. 单击标题栏左上角的系统图标，选择"关闭"选项。

b. 按 Alt+F4 组合键。

c. 单击 PowerPoint 2013 标题栏右上角的"关闭"按钮。

（3）PowerPoint 2013 的窗口组成：快速访问工具栏、标题栏、选项卡、功能区、帮助按钮、幻灯片浏览窗格、幻灯片编辑窗格、滚动条、状态栏、视图按钮以及显示比例等。

2. 注意事项

作为初用者，怎样制作出一个比较好用的 PowerPoint 演示文稿？有哪些需要注意的地方？根据实践经验，提出以下建议。

1）注意条理性

使用 PPT 的目的，是将要叙述的问题以提纲挈领的方式表达出来，让观众一目了然。如果仅是将一篇文章分成若干片段，平铺直叙地表现出来，则显得乏味，难以提起观众的兴趣。一个好的演示文稿应紧紧围绕所要表达的中心思想，划分不同的层次段落，编制文档的目录结构。同时，为了加深印象和理解，这个目录结构应在演示文稿中"不厌其烦"地出现，即在 PPT 的开始要全面阐述，以告知本文要讲解的几个要点；在每个不同的内容段之间也要出现，并对下文即将要叙述的段落标题给予显著标志，以告知观众现在要转移话题了。

2）自然胜过花哨

在设计演示文稿时，很多人为了使之精彩而在演示文稿上大做文章，如添加艺术字、变换颜色、穿插动画效果等。这样的演示看似精彩，但样式过多会分散观众的注意力，不好把握内容重点，难以达到预期的演示效果。归纳起来，设计演示文稿时应注意以下 3 个方面。

① 力避过分鲜明的色彩。在背景中使用过分鲜明的色彩对于受众的视觉会产生较大的刺激，难以产生愉悦的感觉。例如，黑色、大红色或蓝色等往往容易给人以较强烈的视觉影响。

② 注意背景与文字与图表（内容）的色彩搭配。为使幻灯片的内容看起来清晰，背景与内容的颜色搭配不能采用深深搭配或浅浅搭配。例如，深红、黑色、深蓝等不能构成背景与内容的搭配，同时，浅黄与浅蓝、白色由于色差不够大也不能构成背景与内容的搭配，如深红和浅黄搭配、深绿和白搭配、蓝白或绿白搭配、白底黑字、浅黄底黑字或蓝字等。

不合理的搭配首先会导致文字不清晰，让人看不清楚。其次会使人看着不舒服。特别要注意的是，使用显示器显示可以看清楚的幻灯片在使用投影仪显示时由于存在一定的颜色失真显示的效果并不好，有时甚至根本看不清楚。

③ 注意避免不当的动画与声音安排。在幻灯片中适当添加动画可以增加趣味性，也便于增强观众的印象。但一般来说，如果不是自动播放，一般不要设置动画和声音。特别是在演讲者边演讲边放映时，设置动画和声音会干扰演讲者的演讲效果。例如，标题一般不要设置成动画效果且应慎用单字飘入方式。标题一旦设置成动画效果，首先展现在观众面前的将是一个空白的幻灯片，然后通过动画将标题展现出来，给人一种浪费时间的感觉。同时，标题设置成动画不利于突出重点。而单字飘入节奏较慢，不利于快节奏的演讲。如果是专为演讲制作的幻灯片最好不加入声音。如果需要加入声音，也要力避那些过于强烈和急促的声音。在自动播放时能够根据演讲内容自选音乐是最好的选择。

好的 PPT 要保持淳朴自然，简洁一致，最为重要的是文章的主题要与演示的目的协调配合。如果演讲内容是随着演讲者演讲的进度出现的，穿插动画可以起到从局部到全面的效果，提高观众的兴趣，否则会显得零乱。

3）使用技巧实现特殊效果

为了阐明一个问题经常采用一些图示以及特殊动画效果，但是在 PPT 的动画中有时难以满足需求。例如，采用闪烁效果说明一段文字时，在演示中一闪而过，观众根本无法看清，为了达到闪烁不停的效果，还需要借助一定的技巧，组合使用动画效果才能实现。还有一种情况，如果需要在 PPT 中引用其他的文档资料、图片、表格或从某点展开演讲，可以使用超级链接。但在使用时一定要注意"有去有回"，设置好返回链接，必要时可以使用自定义放映，否则在演示中可能会出现到了引用处却无法返回原引用点的尴尬。

总之，一个较好的 PPT 演示文稿并不在于它的制作技术有多高，动画做得多美，最关键的是实用。实用的标准包含以下几点。

一是内容突出，言简意赅，条理分明；二是字体内容清晰，一目了然；三是制作效果自然，既有动画、音频、超链接等技巧使 PPT 变得生动有趣，又不会太花哨。正是由于这 3 个特点使得使用 PPT 制作演示文稿成为大多数人乐于采用的一种方式。但真正使用 Power Point 制作出较为满意的幻灯片，需要一个较长期的摸索与实践的过程。

实验范例

1. 创建演示文稿

创建演示文稿一般有根据模板创建和空白演示文稿创建两种方式。用模板建立演示文稿，可以采用系统提供的不同风格和不同主题的设计模板，也可以使用用户自定义的模板；用空白演示文稿的方式创建演示文稿，用户可以不拘泥于模板的限制，发挥自己的创造力制作出独具风格的演示文稿。推荐初学者使用空白演示文稿创建方式。

1）新建演示文稿

启动 PowerPoint 2013 后，系统会进入如图 4.1 所示的界面，用户可以直接单击"空白演示文稿"或者系统模板"环保"、"离子"等来进行新演示文稿的创建。

图 4.1　新建演示文稿

也可以自行新建，具体操作步骤如下。

单击窗口左上角的"文件"按钮，如图 4.2 所示，单击"新建"按钮如图 4.3 所示，系统会在右侧显示各种模板，用户可以选择任何一个模板来创建一个新的演示文稿。

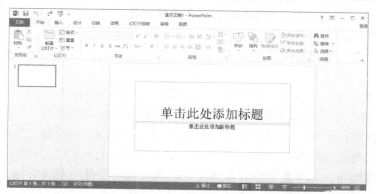

图 4.2　"文件"按钮

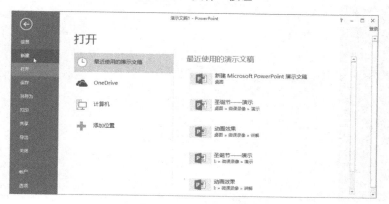

图 4.3　"新建"按钮

单击图 4.2 中的"新建幻灯片"按钮,系统会自动在演示文稿中新建幻灯片。可以根据自己的需要选择版式,对于每个幻灯片可以定义不同的版式。首先选中需要更改版式的幻灯片,系统会自动以反色显示幻灯片,如图 4.4 所示。单击工具栏中的"版式"按钮,可以根据自己的需要来调整所需的版式。

图 4.4　修改单个幻灯片的版式

对于每一个幻灯片,可以对其进行很多操作,右击该幻灯片,可进行的操作就会出现,如幻灯片的新建、复制、粘贴与设计,后面会详细介绍。

2)保存演示文稿

当完成一个演示文稿文件的建立、编辑后,可将文件保存起来,通常采用以下 3 种方式。

(1)通过"文件"选项卡。单击窗口左上角的"文件"选项卡中的"保存"按钮,类似 Word、Excel,如果演示文稿是第一次保存,则系统进入如图 4.5 所示的界面,在该界面中双击"计算机"图标,弹出如图 4.6 所示的"另存为"对话框,在该对话框中选择保存路径(保存到硬盘的哪个位置)、驱动器、文件夹的位置;在"文件名"文本框中输入演示文稿的名称即可。如果是已经存在的文件,则仅保存文件的新内容而无需指定文件的名称和位置。

图 4.5　另存演示文稿

图 4.6　"另存为"对话框

（2）通过"快速访问工具栏"。直接单击"快速访问工具栏"中的"保存"按钮 。如果是新文件，仍然会进入如图 4.5 所示的界面，如果是已经保存过的文件，则仅保存文件的新内容而无需指定文件的名称和位置。

（3）通过键盘。同时按 Ctrl+S 组合键，这和单击"快速访问工具栏"中的"保存"按钮效果相同。

3）关闭演示文稿

单击"文件"选项卡中的"关闭"按钮即可，也可以单击窗口右上角的"关闭"按钮，如果有些操作没有保存，系统将会弹出对话框询问用户是否进行保存。

4）打开演示文稿

如果要对已有的演示文稿进行编辑，则必须先打开它。单击"文件"选项卡中的"打开"选项，或者单击"快速访问工具栏"中的"打开"按钮 ，将打开文件操作窗口，通过"最近使用的演示文稿"可以打开最近使用过的演示文稿，通过单击"计算机"图标，可以在右侧选择打开当前文件夹中的文件或最近打开的文件夹中的文件，也可以通过"浏览"按钮选择打开文件，如图 4.7 所示。

图 4.7　打开文件操作窗口

2. 编辑演示文稿

1）新建或插入幻灯片

在演示文稿中新建或插入幻灯片的方法有很多，主要有以下几种。

① 单击"开始"选项卡中的"新建幻灯片"按钮。

② 在"大纲/幻灯片浏览窗格"中选中一张幻灯片并按 Enter 键。

③ 按 Ctrl+M 组合键。

④ 在"大纲/幻灯片浏览窗格"中右击，在弹出的快捷菜单中选择"新建幻灯片"选项。

2）编辑、修改幻灯片

选择要编辑、修改的幻灯片，选择其中的文本、图表、剪贴画等对象，具体的编辑方法和 Word 类似。

3）删除幻灯片

① 在幻灯片浏览视图或大纲视图中选择要删除的幻灯片。

② 单击"编辑"选项卡中的"删除幻灯片"按钮，或按 Delete 键。

③ 若要删除多张幻灯片，则需切换到幻灯片浏览视图，按 Ctrl 键并单击要删除的各幻灯片，然后单击"删除幻灯片"按钮，或按 Delete 键。

4）调整幻灯片位置

可以在除"幻灯片放映"视图以外的任何视图中进行。

① 用鼠标选中要移动的幻灯片。

② 按住鼠标左键并拖动。

③ 将光标拖动到合适的位置，在拖动过程中有一条横线指示幻灯片的位置。

此外，还可以用"剪切"和"粘贴"选项来移动幻灯片。

5）设置页眉和页脚

演示文稿创建完后，可以为全部幻灯片添加编号，其操作方法如下。单击如图 4.8 所示的"插入"选项卡中"文本"组中的"页眉和页脚"按钮，弹出如图 4.9 所示的对话框。

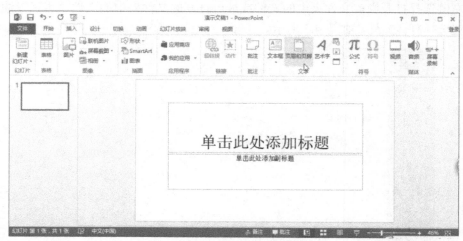

图 4.8　插入页眉和页脚

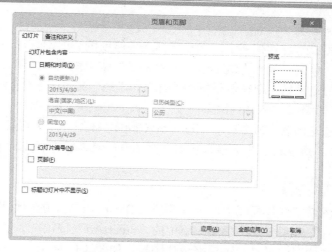

图 4.9　"页眉和页脚"对话框

6）隐藏幻灯片

用户可以把暂时不需要放映的幻灯片隐藏起来。

① 切换到"幻灯片浏览视图"，单击要隐藏的幻灯片。

② 单击工具栏中的"隐藏幻灯片"按钮，该幻灯片右下角的编号上会出现一条斜杠，该幻灯片即可被隐藏起来。

若想取消隐藏幻灯片，则选中该幻灯片，再单击一次"隐藏幻灯片"按钮。

3．在幻灯片中插入各种对象

1）插入图片和艺术字对象

① 在普通视图或幻灯片视图中，选择要插入图片或艺术字的幻灯片。

② 根据需要，选择"插入"选项卡，根据需要单击"图片"、"剪贴画"或"艺术字"按钮。假如单击"图片"按钮，弹出"插入图片"对话框，如图 4.10 所示。

图 4.10　"插入图片"对话框

插入的对象处理以及工具使用情况和 Word 相似。

2）插入表格和图表

① 在普通视图或幻灯片视图中，选择要插入表格或图表的幻灯片。

② 根据需要，单击"插入"选项卡中的"表格"或"图表"按钮。

③ 如果插入的是表格，则在对话框的"行"和"列"文本框中分别输入所需的表格行数和列数，对表格的编辑与 Word 相似。

④ 如果插入的是图表，则会启动 Microsoft Graph，在幻灯片上将显示一个图表和相关的数据。根据需要，修改表中的标题和数据，对图表的具体操作和 Excel 中对图表的操作相似。

3）插入 SmartArt 图形

① 在普通视图或幻灯片视图中，选择要插入 SmartArt 图形的幻灯片。

② 单击"插入"选项卡中"插图"组中的"SmartArt"按钮。

③ 使用层次结构图的工具和菜单来设计图表，如图 4.11 所示。

对于已插入对象的删除，可选中要删除的对象并按 Delete 键。

图 4.11　插入层次组织结构图

4．在幻灯片中使用模板

Power Point 2013 提供了几十种专业模板，它可以快速地帮助用户生成美观的演示文稿。选择"设计"选项卡，会在"主题"组中看到系统提供的部分主题，如图 4.12 所示。当光标指向一种模板时，幻灯片窗格中的幻灯片就会以这种模板的样式改变，当选择一种模板后，该模板会被应用到整个演示文稿中。

图 4.12　幻灯片主题

5．放映幻灯片

（1）选择要观看的幻灯片。
（2）单击"幻灯片放映"选项卡中的"开始放映幻灯片"按钮。
（3）单击可连续放映幻灯片。
（4）按 Esc 键退出放映。

6．PowerPoint 效果设置

根据前面的实验内容，准备 5 张幻灯片，内容自定，然后做以下操作。

背景也是幻灯片外观设计中的一个部分，它包括阴影、模式、纹理、图片等。如果创建的是一个空白演示文稿，可以先为幻灯片设置一个合适的背景；如果是根据模板创建的演示文稿，当其和新建主题不合适时，也可以改变背景。设置幻灯片背景的方法如下。

① 新建一篇空白演示文稿，单击"设计"选项卡中"自定义"组中的"设置背景格式"按钮。

② 弹出如图 4.13 所示的下拉列表，背景格式的填充有纯色填充、渐变填充、图片或纹理填充、图案填充等。

③ 当选中"纯色填充"单选按钮时，单击右下侧的"油漆桶"按钮，弹出如图 4.14 所示的"主题颜色"和"标准色"。如果还想使用更丰富的颜色，可以选择"其他颜色"选项或者在"取色器"中进行配色。

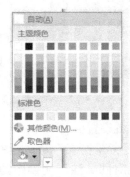

图 4.13　"设置背景格式"下拉列表　　　　图 4.14　"纯色填充"的颜色选取

④ 选择了"图片或纹理填充"选项后，当选择纹理填充时，弹出如图 4.15 所示的纹理图案；当选择图片填充时，弹出如图 4.16 所示的"插入图片"对话框。

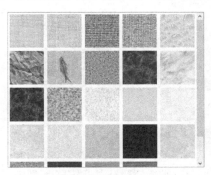

图 4.15　背景填充所使用的"纹理"

图 4.16　"插入图片"对话框

⑤ 若选择"渐变填充"，可以在如图 4.17 所示的"预设渐变"中选择方案；也可以根据需要设置如图 4.18 所示的参数。

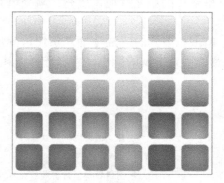

图 4.17　预设渐变效果图　　　　　　图 4.18　"渐变填充"的参数

⑥ 如果要将设置的背景应用于同一演示文稿中的所有幻灯片，则可以在背景设置完成后，单击"设置背景格式"对话框中的"全部应用"按钮。

⑦ 如果要对同一演示文稿中的不同幻灯片设计不同的背景，只需选中该幻灯片，进行上述操作，不单击"全部应用"按钮即可。图 4.19 所示为对不同幻灯片设计不同背景的效果。

图 4.19　幻灯片不同背景的设计

实验要求

（1）设计一个介绍中国传统节日（任意选择一个传统节日）的演示文稿。

要求：制作幻灯片，并满足以下要求。

① 幻灯片不能少于 5 张。

② 第一张幻灯片是"标题幻灯片"，其中副标题中的内容必须是本人的信息，包括"姓名、专业、年级、班级、学号"。

③ 其他幻灯片中要包含与题目要求相关的文字、图片或艺术字。

④ 除"标题幻灯片"之外，每张幻灯片上都要显示页码。

⑤ 选择一种"应用设计模板"或者"背景"对文件进行设置。

（2）设计一个和梦想相关的演示文稿。

要求：制作幻灯片，并满足以下要求。

① 幻灯片不能少于 10 张。

② 第一张幻灯片是"标题幻灯片"，其中副标题中的内容必须是本人的信息，包括"姓名、专业、年级、班级、学号、考号"。

③ 其他幻灯片中要包含与题目要求相关的文字、图片或艺术字。

④ 除"标题幻灯片"之外，每张幻灯片上都要显示页码。

⑤ 选择一种"应用设计模板"或者"背景"对文件进行设置。

实验 2　动画效果设置

实验学时

实验学时：2 学时。

实验目的

➢ 学会在幻灯片上自定义动画；

➢ 了解如何在幻灯片中插入声音；

➢ 掌握如何进行幻灯片的切换。

相关知识

1. 设置幻灯片切换效果

幻灯片的切换就是从一张幻灯片到另一张幻灯片的动态转换。设置幻灯片的切换效果，可以使幻灯片以多种不同的形式出现在屏幕上，并且可以在切换时添加声音，从而增加演示文稿的趣味性，增强演示文稿的播放效果。可以为一组幻灯片设置同一种切换方式，也可以为每张幻灯片设置不同的切换方式。

2．设置动画效果

1）快速预设动画效果

首先将演示文稿切换到普通视图方式，选中需要增加动画效果的对象，然后选择"动画"选项卡，可以根据自己的爱好，单击"动画"组中合适的效果按钮。如果想观察所设置的各种动画效果，可以单击"预览"组中的"预览"按钮，演示动画效果。

2）自定义动画

在幻灯片中，选中要添加自定义动画的对象，单击"动画"选项卡中"高级动画"组中的"添加动画"按钮，将会显示下拉列表，如图 4.20 所示。在下拉列表中以分类方式显示了不同的动画设置选项，直接选择即可将所选动画应用于选择的对象。

图 4.20　添加自定义动画

图 4.21　动画窗格

为幻灯片中的对象添加动画效果以后，其旁边会出现一个带有数字的矩形标志，数字即代表了该动画的播放顺序。用户还可以通过"高级动画"组中的"动画窗格"按钮打开动画窗格，如图 4.21 所示。利用动画窗格可以对添加的动画进行修改，如修改触发方式、持续时间等。当为同一张幻灯片中的多个对象设定了动画效果以后，它们之间的顺序还可以通过动画窗格中的按钮进行调整。

3．插入音频和视频

首先要下载适合幻灯片主题的音频文件，然后单击"插入"选项卡中"媒体"组中的"音频"按钮，在下拉列表中选择"PC 中的音频"选项，找到自己下载好的音频文件后单击"插入"按钮，即可将自己喜欢的音频文件插入到幻灯片中。音频文件插入后会在幻灯片中显示一个小喇叭图标，单击该图标，在功能区选项卡的右侧显示编辑音频文件的"音频工具"选项卡，利用该选项卡中的选项可以修改音频文件的播放方式，包括如何开始、是否跨幻灯片播放以及是否循环等，还可以对其进行简单的编辑、修改图标格式等。

插入视频文件的操作与插入音频基本一致，单击"插入"选项卡中"媒体"组中的"视频"按钮，在弹出的下拉列表中包含"联机视频"和"PC 上的视频"操作选项。例如，选择"PC 上的视频"选项，此时系统会弹出"插入视频文件"对话框，在用户选择了一个要插入的视频文件后，会在幻灯片上出现播放该视频文件的窗口，用户可以像编辑其他对象一样，改变它的大小和位置，也可以通过"视频工具"选项卡中的选项对插入的视频文件的播放方式、音量以及播放窗口的格式等进行设置。完成设置之后，该视频文件会按前面的设置，在放映幻灯片时播放。

1. 设置幻灯片切换效果

打开一个创建好的演示文稿，按以下步骤设置幻灯片切换效果。

（1）选择要设置切换方式的幻灯片，单击"切换"选项卡中"切换到此幻灯片"组中的"切换方案"按钮，弹出如图 4.22 所示的下拉列表。

图 4.22　"切换方案"下拉列表

（2）在下拉列表中选择合适的动画效果。

（3）单击"切换到此幻灯片"组中的"切换声音"按钮，弹出如图 4.23 所示的下拉列表。

（4）在下拉列表中选择想要的声音，如"掌声"，可根据需要设置"持续时间"。

（5）单击"切换到此幻灯片"组中的"全部应用"按钮。

（6）将上述设置全部应用后，在"幻灯片"任务窗格中所有的幻灯片缩略图的编号下方都会出现一个标志。单击"预览"组中的"预览"按钮，对设置效果进行预览。

（7）在"切换声音"下拉列表中选择"其他声音"选项，在弹出的"添加声音"对话框中选择需要的声音文件，单击"确定"按钮即可将其添加为切换声音。

（8）对"切换到此幻灯片"组中的"切换方式"进行效果设置，如图 4.24 所示。

图 4.23 "切换声音"下拉列　　　图 4.24 "切换方式"下拉列表

2. 快速设置对象动画效果

幻灯片切换方案效果是对整张幻灯片的进入和离开方式的设置，对幻灯片中的各个对象设置动画效果，可以通过 PowerPoint 2013 提供的几种常见的幻灯片对象的动画效果对其进行快速设置，方法如下。

（1）选择幻灯片中需要设置动画效果的对象。

（2）单击"动画"选项卡中"动画"组中的"动画"按钮，弹出如图 4.25 所示的下拉列表。

图 4.25 动画效果下拉列表

（3）在弹出的下拉列表中选择需要的动画，如"旋转"选项。

（4）设置完对象动画效果后，单击"预览"按钮进行预览。

3. 自定义对象效果

在 PowerPoint 中，除了幻灯片切换动画之外，还包括自定义动画。所谓自定义动画，是指为幻灯片内部各个对象设置的动画。它又可以分为项目动画和对象动画。其中，项目动画是指为文本中的段落设置的动画，对象动画是指为幻灯片中的图像、表格、SmartArt图形等设置的动画。

1）添加自定义动画效果

添加自定义动画效果的方法如下。

（1）选择幻灯片中需要设置动画效果的对象，单击"动画"选项卡中"高级动画"组中的"添加动画"按钮，同样出现如图 4.25 所示的动画效果。

（2）在动画效果的分类选项（进入、强调、退出和动作路径）中进行选择，如选择"进入"选项。

2）添加自定义动画效果

当为对象添加了动画效果后，该对象就应用了默认的动画格式。这些动画格式主要包括动画开始运行的方式、变化方向、运行速度、延时方案、重复次数等。为对象重新设置动画可以在"自定义动画"任务窗格中完成。

（1）更改动画格式。

① 在如图 4.26 所示的"高级动画"的"动画窗格"中，单击动画窗格列表中的动画效果，在该动画效果周围将出现一个边框，表示该动画效果被选中。该动画效果的右侧出现一个向下的箭头，单击即可打开，如图 4.27 所示。

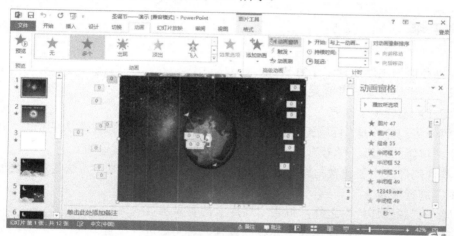

图 4.26　动画窗格

② 单击"删除"按钮，将当前动画效果删除。

③ 在图 4.27 中选择"效果选项"选项，弹出如图 4.28 所示的对话框，对"开始"、"方向"和"速度"进行设置以调整动画的格式。

（2）调整动画播放序列。

在给幻灯片中的多个对象添加动画效果时，添加效果的顺序就是幻灯片放映时的播放次序。当幻灯片中的对象较多时，难免在添加效果时使动画次序产生错误，这时可以在动画效果添加完成后，再对其进行重新调整。

① 在"自定义动画"任务窗格的动画效果列表中，选择需要调整播放次序的动画效果。

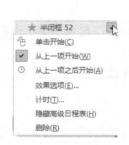

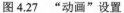

图 4.27　"动画"设置　　　　图 4.28　"开始"、"方向"和"速度"的参数设置

② 单击窗格底部的"上移"按钮或"下移"按钮来调整该动画的播放次序。

③ 单击"上移"按钮表示将该动画的播放次序提前，单击"下移"按钮表示将该动画的播放次序向后移一位。

④ 单击窗格底部的"播放"按钮即可播放动画。

实验要求

（1）以环保为主题设计一个宣传片。

要求：制作幻灯片，并满足以下要求。

① 幻灯片不能少于 5 张。

② 第一张幻灯片是"标题幻灯片"，其中副标题中的内容必须是本人的信息，包括"姓名、专业、年级、班级、学号"。

③ 其他幻灯片中要包含与题目要求相关的文字、图片或艺术字，这些对象要通过"自定义动画"进行设置。

④ 除"标题幻灯片"之外，每张幻灯片上都要显示页码。

⑤ 选择一种"应用设计模板"或者"背景"对文件进行设置。

⑥ 设置每张幻灯片的切入方法。

（2）设计一个自己看过的电影或电视剧的海报。

要求：制作幻灯片，并满足以下要求。

① 幻灯片不能少于 10 张。

② 第一张幻灯片是"标题幻灯片"，其中副标题中的内容必须是本人的信息，包括"姓名、专业、年级、班级、学号"。

③ 其他幻灯片中要包含与题目要求相关的文字、图片或艺术字，并且这些对象要通过"自定义动画"进行设置。

④ 除"标题幻灯片"之外，每张幻灯片上都要显示页码。

⑤ 选择一种"应用设计模板"或者"背景"对文件进行设置。

⑥ 设置每张幻灯片的切入方式。

第5章 多媒体技术及应用

本章以 Premiere Pro CS4 为例，讲述了多媒体软件的一些基本操作。通过两个实验的学习，希望读者掌握 Premiere Pro CS4 的使用，学会利用多媒体软件制作生活中需要的音频、视频文件，为学习、生活和娱乐提供方便。

实验 1 Premiere Pro CS4 的基本操作

实验学时

实验学时：2 学时。

实验目的

➢ 熟悉Premiere Pro CS4非线性编辑软件工作界面；

➢ 了解菜单、面板、窗口、工具栏和按钮的功能；

➢ 熟悉影片剪辑的一般方法及操作步骤。

相关知识

1. Premiere 简介

Premiere 是 Adobe 公司推出的一款视频编辑软件，被广泛应用于广告和电视节目制作中，有很高的知名度。Premiere 可以实时编辑 HDV、DV 格式的视频影像，并可与 Adobe 公司的其他软件进行完美整合，为制作高效数字视频树立了新的标准。

Premiere Pro CS4 的工作界面（图 5.1）是由 3 个窗口（项目窗口、监视器窗口、时间线窗口）、多个控制面板（媒体浏览面板、信息面板、历史面板、效果面板、特效控制台面板、调音台面板等）以及主声道电平显示、工具箱和菜单栏组成的。

2. 视频编辑制作流程

1）素材的准备

Premiere 能将视频、图片、声音等素材整合在一起，而素材加工及获得一般要动用其他软件，如用 Photoshop 处理图像、用录像机及视频捕捉设备得到实景的视频文件等。由于外部素材的取得及加工不是本实验所要讲述的内容，所以这里假设这些工作已经完成，并将相关素材保存在计算机的某个文件夹中，那么在 Premiere 中所要做的就是导入这些素材，方法是选择"File"→"Import"→"File"选项，或双击项目窗口 item 栏的空白处，就会弹出导入（Import）对话框。

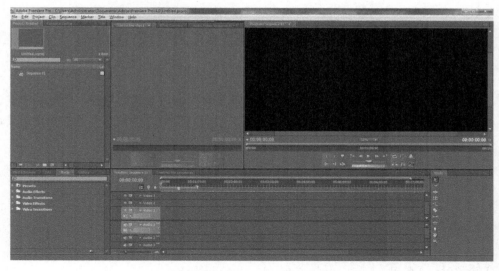

图 5.1　Premiere Pro CS4 工作界面

2）素材的剪辑

各种视频的原始素材片断都可作为一个剪辑。在视频编辑时，可以选取一个剪辑中的一部分或全部作为有用素材导入到最终要生成的视频序列中。剪辑的选择由切入点和切出点定义。切入点指在最终的视频序列中实际插入该段剪辑的首帧；切出点为末帧。

3）画面的粗略编辑

运用视频编辑软件中的各种剪切编辑功能进行各个片段的编辑、剪切等操作，完成编辑的整体任务。其目的是将画面的流程设计得更加通顺合理，使时间表现形式更加流畅。

4）添加特效

添加各种过渡特技效果，使画面的排列以及画面的效果更加符合人眼的观察规律，进一步完善素材。

5）添加字幕

在做电视节目、新闻或者采访的片段中必须添加字幕，以更明确地表示画面的内容，使人物说话的内容更加清晰。

6）处理声音效果

在片段的下方进行声音的编辑（在声道线上），可以调节左右声道或者调节声音的高低、渐近、淡入淡出等效果。这项工作可以减轻编辑者的负担，减少了使用其他音频编辑软件的麻烦，制作效果也相当不错。

7）导出视频文件

Premiere 可以将导入的视频、图片、字幕以及声音等整合成一个视频文件，选择"File"→"Export"选项即可设置输出相应格式的视频文件。

实验范例

通过导入视频素材，进行简单的视频剪辑和渲染处理，实验步骤如下：

1．新建项目

（1）双击打开 Premiere Pro CS4 程序，选择"New Project"选项，修改项目文件的保存位置，输入新建项目名称"实例 1"，单击"OK"按钮，如图 5.2 所示。

（2）选择"DV-PAL 标准 48kHz"的预置模式来创建项目工程，完成项目的创建，如图 5.3 所示。

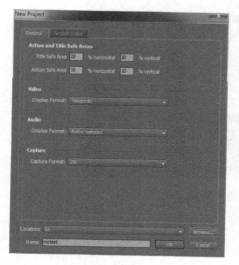

图 5.2　新建项目

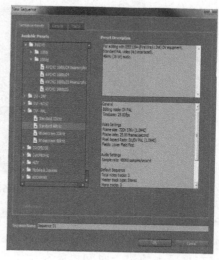

图 5.3　项目配置

2．导入素材

（1）进入 Premiere 的编辑界面，选择"File"→"Import"选项，会自动弹出"Import"对话框，如图 5.4 所示。在弹出的对话框中，选择需要导入的文件（可以是支持的视频文件、图片、音频文件等）。

（2）在这里选择"splash.wmv"，单击"打开"按钮，等待一段时间之后，素材框中会出现一个"splash.wmv"视频文件，如图 5.5 所示。

图 5.4　导入对话框

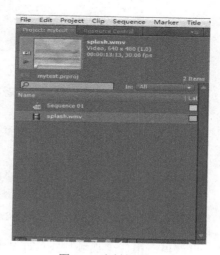

图 5.5　素材框窗口

3．剪辑影片

（1）拖动 Project 面板中的影片"splash.wmv"到时间面板的视频轨中。

（2）单击监视器节目窗口中的播放按钮，观看视频，记下需要裁剪片段的起始时间，如图 5.6 所示。

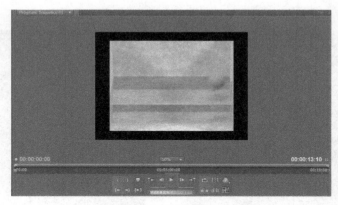

图 5.6　监视器窗口

（3）例如，需要删除从开头至 00：00:08:15，以及从 00：00：12:00 至结尾这两段视频，在 Timeline 面板中拖动时间梭至 00：00:08:15，如图 5.7 所示。找到 Tools 面板中的"Razor Tool"，在视频 1 轨道上时间梭所在位置单击，素材就会被"Razor Tool"切分为两部分。

（4）在 Timeline 面板中拖动时间梭至 00:00:12:00，如图 5.7 所示。找到 Tools 面板中的"Razor Tool"，单击时间梭所在位置，"Razor Tool"会再次分割素材，如图 5.8 所示。

（5）单击 Tools 面板中的"Selection Tool"，单击要删除的第一个视频片段（即从开头至 00：00:08:15），按 Delete 键即可删除第一个视频片段。

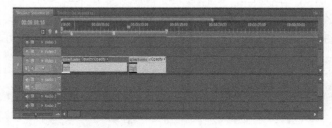

图 5.7　时间线窗口

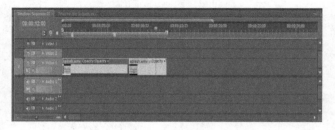

图 5.8　时间线分割

（6）再次单击第二个视频片段（即从 00:00:12:00 至结尾），按 Delete 键，即可删除第二个视频片段。

（7）单击余下的视频片段，向左拖动至视频轨道的开头处，如图 5.9 所示。这样就完成了视频的剪辑。

图 5.9　视频剪辑窗口

4．视频的渲染和导出

（1）在视频编辑完成之后，我们可以直接通过右侧监视器上的播放键进行整体视频的预览，但是由于计算机性能所限，预览的时候画面会卡，所以要进行视频的渲染。选择主窗口"序列"→"渲染工作区内的效果"选项，软件会进入如图 5.10 所示的渲染过程界面，系统会自动开始渲染。

（2）当文件渲染完成之后，时间线上出现了一条绿线，如图 5.11 所示，当时间线上都是绿线时，视频即可顺畅地预览。

图 5.10　渲染过程

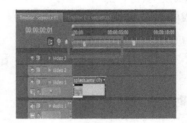

图 5.11 渲染完成

（3）视频预览完成之后，可以导出影片，选择"File"→"Media"选项，如图 5.12 所示。

（4）弹出导出设置对话框，默认导出格式为"Microsoft AVI"，如图 5.13 所示。

图 5.12　文件导出菜单

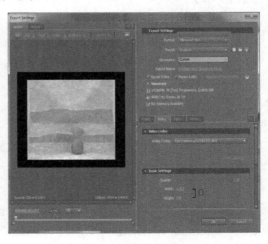

图 5.13　导出设置

（5）可以对输出格式进行修改，如修改为 FLV 格式，单击"OK"按钮，如图 5.14 所示，然后输出视频序列即可。

图 5.14 格式选择

实验要求

按照上述实例完成以下两个任务。

（1）熟悉创建项目、影片的组接、视频转场、添加字幕、声音合成等基本的操作方法。

（2）下载两段视频素材，将其剪辑、合并为一段视频并导出。

实验 2　Premiere Pro CS4 的高级操作

实验学时

实验学时：2 学时。

实验目的

➤ 掌握使用 Premiere Pro CS4 编辑影片、编辑音频、添加字幕的基本方法；

➤ 熟悉编辑工具按钮的功能和使用方法。

实验范例

通过导入素材，进行视频的转场特效及字幕添加。操作步骤如下。

1．新建项目

（1）新建项目"实例 2"，导入视频素材"splash.wmv"、图片素材"start"和"end"、音频素材"music.mp3"。依次将图片素材"start"、视频素材"splash.wmv"、图片素材"end"拖动至时间线面板的视频 1 轨道中，如图 5.15 所示。

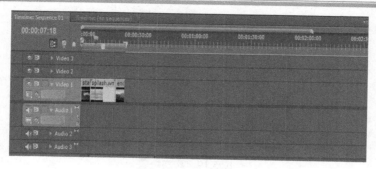

图 5.15　素材导入

（2）如果素材在时间线上显得特别短，可以通过 Ctrl+Alt+鼠标滑轮快捷键放大素材在轨道上的显示程度，如图 5.16 所示。

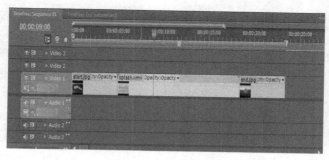

图 5.16　时间线面板

2．添加转场特效

（1）在编辑界面左下的效果面板中打开"Video Transitions"，如图 5.17 所示。

（2）选择其中的一个文件夹，如"Slide"，再选中文件夹中的"Band Slide"，如图 5.18 所示。

图 5.17　效果面板

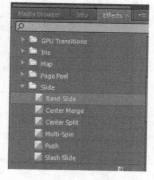

图 5.18　效果选项

（3）依次拖动到两段素材之间，完成 3 段素材之间特效的添加，如图 5.19 所示。

（4）将时间梭 按钮移动到视频特效添加的位置，在右上的监视器中可以观察到视频切换的特效，如图 5.20 所示。

（5）双击时间线上的视频特效，打开 Effect Controls 窗口，对视频特效的细节进行调整，如图 5.21 所示。

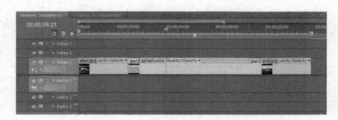

图 5.19　添加特效

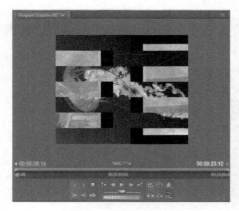

图 5.20　监视器窗口

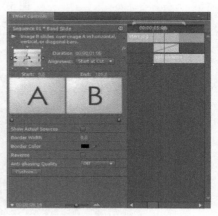

图 5.21　效果控制

3．为影片添加音乐

（1）将音频素材"music.mp3"拖动到时间线面板的音频 1 轨道上，如图 5.22 所示。

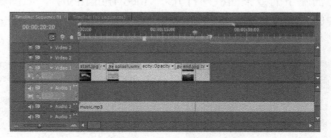

图 5.22　背景音乐

（2）音频播放时间比视频长，此时需要剪辑音频，采用类似本章实验 1 中视频裁剪的方法，将音频长度裁剪至和视频长度一致，如图 5.23 所示。

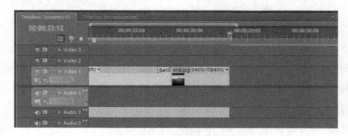

图 5.23　剪辑音频

4．添加字幕

下面来介绍字幕的建立方法。

（1）选择"Title"→"New Title"→"Default Still"选项，如图 5.24 所示，会弹出如图 5.25 所示的对话框，字幕序列名称为"Title 01"，单击"OK"按钮。

（3）时间梭移至需要添加字幕的地方并单击，会出现如图 5.26 所示的状况。

（4）此时，可以输入文字了。需要注意的是，Premiere 默认的很多字体在汉字上无法显示，我们需要在输入汉字之前更改字体。在字幕右侧属性中打开"Font Style"，选择需要使用的字体即可。

（5）在右侧的属性中可以对文字的大小、颜色、位置和效果等进行设置，设置完成后关闭字幕面板，如图 5.27 所示。

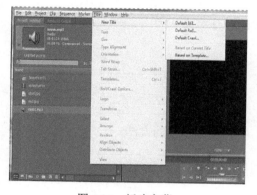

图 5.24 新建字幕

图 5.25 新建字幕对话框

图 5.26 添加字幕

图 5.27 字幕面板

（6）将项目面板中的"Title 01"拖动到时间线面板中的视频 2 轨道上，放置在合适位置，如图 5.28 所示，右击"Title 01"，在弹出的快捷菜单中选择"Speed/Duration"选项，根据需要设置"Title 01"在视频 2 轨道中出现的时间长度，如图 5.29 所示。

图 5.28　片头字幕

图 5.29　时间设置

5. 视频的渲染和导出

选中 Timeline 面板中的所有片段，对片段进行渲染和导入。

按照上述实例完成以下两个任务。

（1）熟练掌握视频、音频的编辑方法，以及添加字幕的方法。

（2）制作包含音乐的电子相册。

第6章　程序设计基础

本章以 Code::Blocks、Visual C++ 6.0 和 Raptor 3 个软件为主线，通过三个实验中罗列的实验目的、相关知识、实验范例，详细介绍了利用这些软件开发应用程序的基本步骤、完成程序设计中算法描述的全过程，并在每个实验的最后给出了实验要求。

实验 1　C 程序设计

实验学时

实验学时：4 学时。

实验目的

➢ 学会使用 Code::Blocks 开发环境；
➢ 学会建立、编辑、运行一个简单的 C 应用程序的全过程；
➢ 掌握标识符的概念及使用；
➢ 掌握程序的基本控制结构应用，了解函数的功能。

相关知识

C 语言的开发工具比较多，在 Windows 开发环境下可以使用 Visual Studio.NET，也可以使用 VC++ 6.0，但如果仅仅编写 C 语言程序，一般会选择小巧快捷的开发工具，这类工具常用的有 Code::Blocks、XCode 等，每一种开发工具都有各自的优缺点。这里以 Code::Blocks 为例来说明 C 语言开发环境的搭建和程序开发过程。

Code::Blocks 是开放源码软件。Code::Blocks 由纯粹的 C++语言开发完成，它使用了著名的图形界面库——wxWidgets。对于追求完美的 C/C++程序员，再也不必忍受 VS.NET 的庞大和价格的昂贵。

1．Code::Blocks 的下载

下载地址为 http://www.codeblocks.org/downloads/26。

在官方主页上，可以看到 Code::Blocks 是一个跨平台的开发工具，如图 6.1 所示。在 Windows 操作系统下开发时，可选择 Windows XP/Vista/7/8/10。

图 6.1　Code::Blocks 下载页面

图 6.2　Code::Blocks 版本选择

对于 Windows 操作系统，一般应选择 codeblocks-16.01mingW-setup 链接，如图 6.2 所示，这个文件是带 MinGW 编译器的 Code::Blocks 集成环境，可以直接编译 C/C++程序。

2．安装 Code::Blocks

双击下载的文件进行安装，选中图 6.3 中所示的所有复选框。

单击"Next"按钮，进入安装路径的选择界面。如图 6.4 所示，安装路径一般不需要修改。

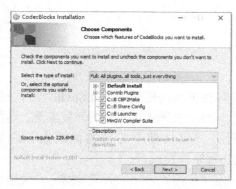

图 6.3　安装组件的选择

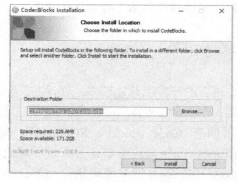

图 6.4　安装路径的选择

单击"Install"按钮完成安装。

3．运行 Code::Blocks

选择"File"→"New"→"Project"选项，启动工程向导，如图 6.5 所示。在弹出的对话框中选择 Console application 选项，单击"Go"按钮，在工程向导中选择语言 C，输入工程名称信息（包括设定工程目录）单击"Next"和"Finish"按钮。

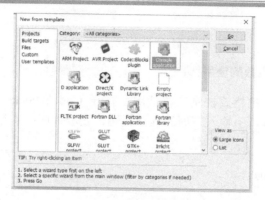

图 6.5　项目类型的选择

打开代码编辑窗口，如图 6.6 所示。这时，开发工具已经为我们自动创建了 main.c 文件，并在 main.c 文件中添加了如下代码。

```c
#include <stdio.h>
#include <stdlib.h>
int main()
{
    printf("Hello world!\n");
    return 0;
}
```

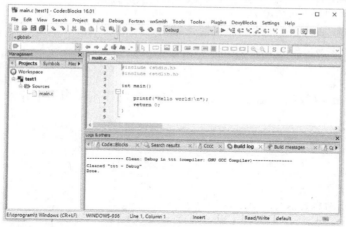

图 6.6　程序代码编辑窗口

按 F9 键运行程序，正常输出结果，如图 6.7 所示。这说明 Code::Blocks 开发工具的安装和配置没有问题。

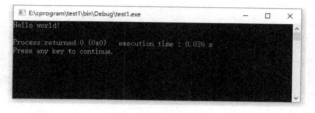

图 6.7　运行结果

实验范例

1. 练习输入输出函数的使用

（1）练习 printf 中的格式控制字符使用，打开 Code::Blocks 编辑器，新建一个项目 project1，在程序编辑窗口中输入下面的程序代码，查看程序的运行结果。

```
int main( )
{
    int i=2000;
    float j=2.71828;
    printf("i=%d,j=%f,j*10=%f\n", i , j ,j*10);
    return 0;
}
```

（2）练习 printf 函数对实型数据输出宽度的控制。在程序编辑窗口中输入下面的程序代码，查看程序的运行结果。

```
int main( )
{
    float  a=3.14159;
    printf("p=%10f\n",a);
    printf("p=%4f\n",a);
    printf("p=%.2f\n",a);
    printf("p=%.4f\n",a);
    printf("p=%2.4f\n",a);
    printf("p=%10.4f\n",a);
    return 0;
}
```

（3）使用 scanf 函数从键盘上输入整型数据。在程序编辑窗口中输入下面的程序代码，查看程序的运行结果。

```
int main( )
{
    int a;
    scanf("%d",&a);
    printf("%d\n",a*10);
    return 0;
}
```

（4）练习使用 scanf 同时输入多个数据。在程序编辑窗口中输入下面的程序代码，查看程序的运行结果。

```
int main( )
{
    int a;
    float b,c;
    scanf("%d%f%f",&a,&b,&c);
    printf("a=%d,b=%f,c=%f\n",a,b,c);
    return 0;
}
```

2. 基本流程控制

（1）新建一个文件，输入以下程序代码：

```
int main( )
{
    int a;
    scanf("%d",&a);
    if(a>=60)
        printf("Pass!\n");
    else
        printf("Fail!\n");
    return 0;
}
```

将程序多运行几遍，每次输入 0～100 中不同的数据，查看程序的运行结果。

（2）新建一个文件，输入以下程序代码：

```
int main( )
{   int i=1,sum=1;
    while(i<=5)
    {   sum=sum*i;
        i++;
    }
    printf("%d",sum);
    return 0;
}
```

运行程序，查看程序的运行结果，分析程序实现的功能。再将上面的程序改为 do-while 循环和 for 循环。

（3）新建一个文件，输入以下程序代码：

```
int main( )
{
    int i;
    float  sum, aver, b[10]={4,2,8,3,1,10,5,6,12,7};
    sum=0;
    for(i=0;i<10;i++)
        sum+=b[i];
    aver=sum / 10;
    printf("sum=%d  aver=%d",sum,aver);
    return 0;
}
```

运行程序，查看程序运行结果，分析程序的作用。

3. 编程题

（1）利用公式 $\pi/4=1-1/3+1/5-1/7+1/9-\cdots$ 求 π 的近似值，直到最后一项的绝对值小于 10^{-4} 为止。

（2）编写程序，任意输入一个正整数，这个正整数表示总的秒数，把它转换为小时，分钟，秒的表示方法。例如，3700 秒可表示为 1 小时 1 分 40 秒。

实 验 要 求

（1）熟悉 Code::Blocks 开发环境的安装和配置。

（2）理解 C 语言的基本特征和基本知识。

（3）掌握赋值语句的使用。

（4）掌握基本输入/输出语句的使用。

（5）掌握数组的定义方法和应用。

（6）能够运用 C 进行程序开发，分别实现下述功能。

① 根据输入的 n（n>0），计算 1-2+3-4+…±n 的值。

② 36 个人搬 36 块砖，男人一人搬 4 块，女人一人搬 2 块，小孩 2 个人合搬一块。问男人、女人、小孩各多少人？

③ 利用插入排序法完成 n（n>0）个整数（数据自拟）由小到大的输出。

④ 将 100 元钱换成零钱（仅限 10 元、20 元和 50 元），找出所有的换法。

⑤ 已知某数列为 1，1，2，3，5，8，……求该数列前 15 项的值。这个数列的特点如下：第 1 项和第 2 项均为 1，从第 3 项开始，每一项都是其前面两项之和，即

$$F(n) = \begin{cases} 1 & n = 1 \\ 1 & n = 2 \\ F(n-1) + F(n-2) & n > 2 \end{cases}$$

实验 2　Visual C++ 6.0 程序设计

实 验 学 时

实验学时：4 学时。

实 验 目 的

➢ 学会使用 Visual C++ 6.0 开发环境；

➢ 学会建立、编辑、运行一个简单的 C++应用程序的全过程；

➢ 掌握变量的概念及使用；

➢ 通过程序实践结合课堂示例，理解类、对象的概念，掌握属性、事件、方法的应用。

相 关 知 识

Visual C++作为一款优秀的 C/C++语言的编译工具，自诞生以来，一直是 Windows 中最主要的开发工具之一。利用 Visual C++开发环境可以完成各种各样的应用程序的开发，从软件的底层到软件的界面设计，Visual C++都提供了强大的支持。此外，Visual C++强大的调试功能也为大型复杂软件的开发提供了有力的保障。

用 Visual C++ 6.0 开发应用程序的基本步骤如下。

（1）分析问题。编写任何一个程序，都应该首先从实际问题中抽象出其数学模型，给出解决方法，并用一定的工具进行描述。

（2）编辑程序。编写源程序，利用 Visual C++ 6.0 的代码编辑工具编写代码。

（3）编译程序。编译源程序，生成目标文件。

（4）链接程序。将一个或多个目标文件与库函数进行链接后，产生可执行文件。

（5）运行调试程序。程序的错误不仅仅是语法方面的，更重要的是逻辑错误，必须进行严格的测试后，程序才可以发布。

（6）保存和运行程序。

 实 验 范 例

用 Visual C++ 6.0 编程计算 1！+2！+3！+4！+5！。

操作步骤如下。

（1）启动 Visual C++ 6.0。在 Visual C++主窗口的主菜单栏中，选择"文件"→"新建"选项，如图 6.8 所示。

在弹出的"新建"对话框中，选择"文件"选项卡，选择"C++ Source File"选项，在右边的"文件"文本框中输入自己新建的 C++源文件名，在"目录"下拉列表中选择 C++文件所在的位置，如图 6.9 所示。单击"确定"按钮，打开 C++代码编辑区窗口。

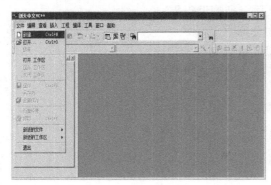

图 6.8　Visual C++主窗口

图 6.9　"新建"对话框

（2）在 C++代码编辑区中输入 C++ 源程序代码，如图 6.10 所示。

图 6.10　Visual C++集成环境

（3）编译。对程序进行编译，单击工具栏中的"编译"图标 ，直至没有错误为止。

（4）构建。对程序进行链接，单击工具栏中的"构建"图标 ，直至没有错误为止。

（5）执行程序。单击工具栏中的"执行"图标 。

（6）选择"文件"→"关闭工作区"选项。

至此，一个简单的 C++程序的编写、编译、组建、执行过程就完成了。

（7）打开文件。选择"文件"→"打开"选项，弹出"打开"对话框，在"打开"对话框中，选择已有的扩展名为.cpp 的文件，单击"打开"按钮，或者直接双击某个文件，Visual C++会将文件调入内存，此时，工程资源管理器窗口中会显示当前程序的工程名和窗体名。

实 验 要 求

（1）熟悉 Visual C++ 6.0 开发环境的主菜单栏、工具栏，主窗口中的工作区窗口、程序编辑窗口、调试信息窗口等。

（2）熟练掌握标识符的定义及其使用。

（3）能够运用 Visual C++ 6.0 进行程序开发，实现下述功能。

① 计算 1+（1+2）+（1+2+3）+…+（1+2+3+…+n），n 随机产生。

② 计算 1+1/1！+1/2！+1/3！+…，直到最后一项趋近于零。

③ 利用"辗转相除法"求出 2 个数的最大公约数。

④ 利用冒泡排序法完成 5 个数（数据自拟）由大到小的输出。

⑤ 利用二分法求方程 $2x^3-4x^2+3x=0$ 在（-10，10）之间的根。

实验 3　Raptor 的应用

实 验 学 时

实验学时：4 学时。

实 验 目 的

➢ 学会使用 Raptor 软件。

➢ 掌握使用 Raptor 创建流程图程序的方法。

➢ 掌握并理解各种基本符号的使用环境，并能够熟练使用基本符号。

➢ 通过程序实践，理解利用流程图描述算法、算法执行的过程及其结果。

相 关 知 识

Raptor 是一种基于流程图的可视化编程开发环境，可以在最大限度地减少语法要求的情形下，帮助用户编写正确的程序指令。使用 Raptor 的目的：不需要重量级编程语言（如 VB、C++或 Java 等），就可以进行算法设计和运行验证。

流程图是一系列相互连接的图形符号的集合，其中，符号代表要执行的特定类型的指令，符号之间的连接决定了指令的执行顺序。Raptor 程序实际上是一种有向图，可以一次执行一个图形符号，以便帮助用户跟踪 Raptor 程序的指令流执行过程。Raptor 是为易用性而设计的（用户可使用它与其他任何编程开发环境进行复杂性比较），Raptor 所设计的报错消息更容易为初学者理解。

Raptor 程序是一组连接的符号，表示要执行的一系列动作，符号间的连接箭头确定了所有操作的执行顺序。Raptor 程序执行时，从开始（Start）符号起步，并按照箭头所指方向执行程序，Raptor 程序执行到结束（End）符号时停止。

Raptor 软件的主界面如图 6.11 所示，其左侧上半部分是"符号"窗口；右下部分是工作区，其中有一个名为 main 的标签（相当于主程序），窗口中有一个基本的流程图框架，初始只有 Start（开始）和 End（结束）两个符号。

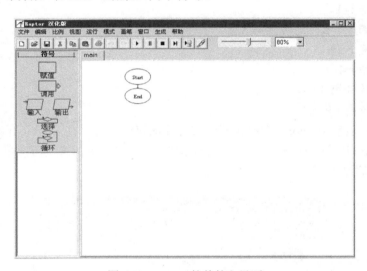

图 6.11　Raptor 软件的主界面

在开始和结束的符号之间插入一系列 Raptor 语句/符号，就可以创建有意义的 Raptor 程序。

Raptor 有 6 种基本符号，分别是输入（Input）、输出（Output）、赋值（Assignment）、循环（Loop）、选择（Selection）和调用（Call），每个符号代表一个独特的指令类型。

利用 Raptor 进行算法设计的基本步骤如下。

（1）分析问题。编写任何一个程序，都应该先从实际问题中抽象出其数学模型，找出求解方法，并用自然语言描述算法。

（2）启动 Raptor 软件，保存流程图文件（扩展名为.rap）。

（3）利用 Raptor 工具创建相关流程图。

（4）运行调试算法。修改出现的语法错误，注意算法的逻辑错误。必须经过严格的测试后，算法才可以有效。

（5）保存或打印流程图。

1. 利用 Raptor 画出计算 n! 的流程图

分析：给定 n，求 n! 的数学公式如下。

$$n!=\begin{cases} 1 & ,n=0 \\ n(n-1)! & ,n>0 \end{cases}$$

利用计算机求解连乘问题，一般是先设乘积结果为 1，然后逐项相乘。用 f 表示 n!，开始时 f=1 是 0!，然后 f*1 就是 1!，再乘以 2，f*2 就是 2!，再乘以 3，f*3 就是 3!，……，f*n 就是 n!。可以用 i 表示逐次乘入的项，i 开始为 1，然后加 1 变为 2，再加 1 变为 3，……，通过 f=f*i 完成 n! 的计算。其算法描述如下。

第 1 步：输入 n 的值。

第 2 步：令 f=1。

第 3 步：令 i=1。

第 4 步：如果 i>n，则转到第 8 步。

第 5 步：使 f=f*i。

第 6 步：使 i=i+1。

第 7 步：转到第 4 步。

第 8 步：输出 f 的值。

操作步骤：启动 Raptor，根据自然语言描述的算法步骤，在 Start（开始）和 End（结束）两个符号中间依次添加算法描述中的流程图符号，以构成求解题的"程序"，最终得到如图 6.12 所示的流程图。

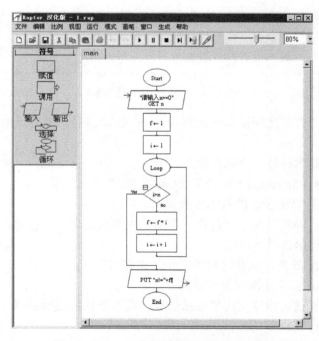

图 6.12　Raptor 软件的主界面中的流程图

具体方法如下。

（1）启动 Raptor 后，选择"文件"→"保存"选项，键入自定义的文件名、选择存放路径，单击"保存"按钮。

（2）输入 n。在符号窗口中单击"输入"符号（变为红色）后，将光标指向工作区流程图的 Start 和 End 两个符号中间的箭头处并单击，即可加入"输入"符号。双击新加入的"输入"符号，打开"输入"窗口，如图 6.13 所示。在"输入提示"文本框内输入"请输入 n>=0"，在"输入变量"文本框内输入"n"，单击"完成"按钮，如图 6.14 所示。

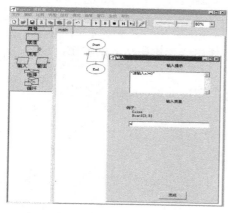

图 6.13　"输入"窗口

图 6.14　输入处理完毕的流程图

（3）在"输入"框的下方添加第 1 个"赋值"符号，双击"赋值"框，打开"Assignment"窗口，在"Set"文本框内输入"f"，在"to"文本框内输入"1"，单击"完成"按钮，如图 6.15 所示。

（4）在"赋值"框的下方添加第 2 个"赋值"框，双击"赋值"框，打开"Assignment"窗口，在"Set"文本框内输入"i"，在"to"文本框内输入"1"，单击"完成"按钮，如图 6.16 所示。

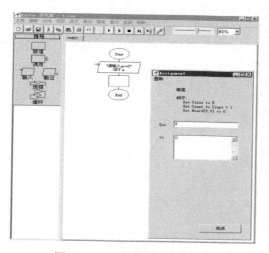

图 6.15　设置"f=1"的窗口

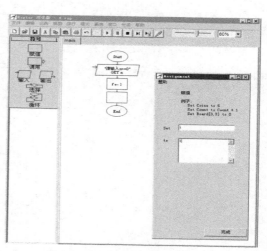

图 6.16　设置"i=1"的窗口

（5）在第 2 个"赋值"框的下方添加 1 个"循环"符号，双击菱形框，在打开的"循环"窗口中输入"i>n",单击小方块,使其中的"+"变成"-"(表示可以扩展)。

(6)在"No"分支的下方添加两个"赋值"符号,分别设置为f←f*i,i←i+1;在"Yes"分支的末端添加一个"输出"符号,设置输出项为"n!="+f。

选择"运行"→"运行"选项,系统将按照流程图描述的选项实现 n!的计算,当在输入框中输入 6 并按 Enter 键或单击"确定"按钮时,它会用不同的颜色表示执行到了哪一步,可以看到"程序"动态 r 执行过程,在主控台窗口中输出结果,在窗口的左侧下半部分给出变量变化的值,如图 6.17 所示。

2. 实现整数的排序

利用 Raptor 软件,完成 5 个整数由小到大(使用选择排序法)的输出。

其算法描述如下。

第 1 步:将 5 个整数分别放到数组元素 a[1]、a[2]、a[3]、a[4]、a[5]中。

第 2 步:令 i=1。

第 3 步:如果 i>4,则转到第 8 步。

第 4 步:令 j=i+1。

第 5 步:如果 j>5,则转到第 6 步。

第 6 步:如果 a[i]≤a[j],则转到第 12 步。

第 7 步:a[i]与 a[j]互换值。

第 8 步:使 j=j+1。

第 9 步:转到第 5 步。

第 10 步:使 i=i+1。

第 11 步:转到第 3 步。

第 12 步:依次输出 a[1]、a[2]、a[3]、a[4]、a[5]的值。

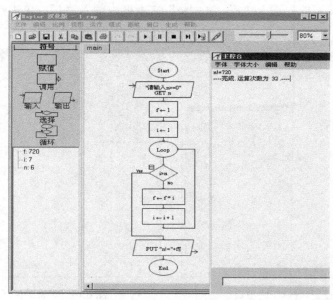

图 6.17　流程图运行结束后的界面

操作步骤：启动 Raptor，根据自然语言描述的算法步骤，在 Start（开始）和 End（结束）两个符号中间依次添加算法描述中的流程图符号，以构成求解题的"程序"，即流程图。程序运行后，分别输入 5 个数据，最终结果显示在主控台窗口中，如图 6.18 所示。

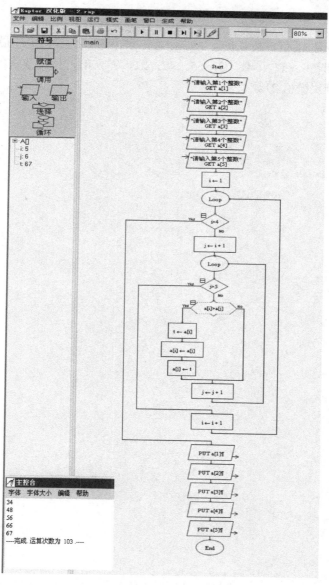

图 6.18　流程图运行结束后的界面

实验要求

（1）熟悉 Raptor 软件的主菜单选项，主界面中窗口的布局。
（2）熟练掌握 6 个基本符号的画法及其设置。
（3）能够根据解题思路构造流程图。
（4）运用 Raptor 软件进行流程图设计，实现下述功能。

① 任意给出 3 个正整数，输出这 3 个正整数中的最大数。

② 计算前 n（n>0）个自然数的累加和。

③ 计算 π 的近似值。

$\dfrac{\pi}{4}=1-\dfrac{1}{3}+\dfrac{1}{5}-\dfrac{1}{7}+\cdots$，直到最后一项的绝对值小于 10^{-5}。

④ 输入 n（n>0）的值，依次读取 n 个整数，求出这 n 个整数中的最大数。

⑤ 有一个序列{56，87，34，23，55，47，21，77，8}，使用改进的顺序查找法（即使用"监视哨"）查找键值 21。

第 7 章 数据库基础

本章通过 3 个实验介绍了如何用 Access 开发一个数据库。数据库和表的创建实验教会读者如何创建一个数据库、创建数据表、表中插入记录、表中删除记录以及对表中记录进行排序。数据表的查询实验教会读者在一个数据库中如何创建查询、查询所需要的数据和对数据库中的某些表按照要求排序。窗体和报表实验教会读者在一个数据库中如何创建窗体和报表，并掌握窗体和报表的一些基本操作。

实验 1 数据库和表的创建

实验学时

实验学时：2 学时。

实验目的

➤ 熟练掌握数据库的创建、打开以及利用窗体查看数据库；
➤ 掌握创建数据库中的表的方法；
➤ 能够在表中插入记录、删除记录和进行简单的排序。

相关知识

Access 是 Microsoft Office 办公软件的组件之一，是当前 Windows 环境下非常流行的桌面型数据库管理系统。使用 Microsoft Access 数据库无需编写任何代码，只需通过直观的可视化操作即可完成大部分的数据库管理工作。创建数据库及其操作是 Access 中最基本最普遍的操作，下面先介绍一下相关知识。

1. 设计一个数据库

在 Access 中，表对象是用于组织数据的基本模块，用户可以将一种类型的数据放在一个表中，可以定义各个表之间的关系，从而将各个表的相关数据有机地联系在一起，表是 Access 数据库最主要的组成部分。要想设计一个合理的数据库，最主要的是设计合理的表以及表间的关系。作为数据库基础数据源，表是创建一个有效地、准确地、快捷地完成数据库具有的所有功能的基础。

设计 Access 数据库，一般要经过如下步骤。

1）需求分析

需求分析就是对所要解决的实际应用问题做详细的调查，了解所要解决问题的信息需求、处理需求、安全性和完整性要求。信息需求是指需要的数据，处理需求是指对数据的操作，安全性和完整性需求指在实际问题中对使用过程中数据的安全性和完整性要求。

2）建立数据库

创建一个空 Access 数据库，对数据库命名时，要使名称尽量体现数据库的内容，要做到"见名知意"，例如，当要做一个学生信息数据库时，数据库名可以使用 student_Manage。

3）建立数据库中的表

数据库中的表是数据库的基础数据来源，也是进行一切操作的基础。确定需要建立的表是设计数据库的关键，表设计的好坏直接影响数据库其他对象的设计及使用。

设计数据表时，要考虑以下内容。

① 每个表应该只包含一个实体，也就是一个对象的信息。

② 表中不应该包含重复信息，并且信息不应该在数据表之间过多复制。

③ 确定表中需要的字段及数据类型。

④ 字段要具有唯一性和基础性，不要包含推导或计算数据。

⑤ 所有的字段集合要包含描述实体的全部信息。

⑥ 以最小的逻辑部分保存信息，也就是减少冗余。

⑦ 明确有唯一值的字段，这种字段或字段集称为主关键字。

4）确定表间的关联关系

在多个主题的表间建立关联关系，使数据库中的数据得到充分利用，同时，复杂的问题可先化解为简单的问题后再组合，这会使解决问题的过程变得容易，表之间的关联关系一般是一对一、一对多和多对多关系中的一个。

5）设计求精

初步确定表和表之间的关系后，再结合实际问题，进行总体分析和检查，目的是使设计的数据库更加完善。这里主要检查：是否有遗忘的字段、是否有大量的空白字段、表中是否带有大量不属于某实体的字段、表中是否有重复的字段、每个表中的关键字是否选择的合理、是否存在字段很多而记录很少的表。

6）创建其他数据库对象

在设计的表和表之间的关系的基础上，根据需要设计查询、报表、窗体、宏、数据访问页和模块等数据库对象。

2. 数据库中的对象

Access 2013 中有 7 个基本对象：表、查询、窗体、报表、页、宏及模块。使用比较多的就是表、查询、窗体和报表。表是 Access 中管理数据的基本对象，是数据库中所有数据的载体，一个数据库通常包含若干个数据表对象。它是整个数据库系统的数据源，也是数据库其他对象的基础。Access 中的查询可以实现信息的检索、插入、删除和修改，可以以不同的方式查看、更改和分析数据。窗体为数据的输入、修改和查看提供了一种灵活简便的方法，可以使用窗体来控制对数据的访问。报表是以打印的格式表现用户数据的一种方式，可以对查询结果和表中数据进行分组、排序、计算、生成图表和输出信息。

3．创建数据库

Access 创建的数据库一般分为空白数据库和使用模板创建数据库，空白数据库中没有表，没有字段等信息，需要根据自己的需要进行创建。Access 2013 提供了功能强大的模板，可以使用系统自带的数据库模板，也可以使用 Microsoft Office Online 下载最新或修改后的模板。使用模板可以快速创建数据库，每个模板都是一个完整的跟踪应用程序，具有预定义的表、窗体、报表、查询、宏和关系，如果模板设计满足用户需要，便可以直接开始工作，否则可以使用模板作为起点来创建符合个人特定需要的数据库。

（1）利用"开始"菜单创建空白数据表的步骤如下。

① 选择"开始"→"Microsoft Office 2013"→"Access 2013"选项。

② 在"Access 2013"窗口中，选择"空白桌面数据库"模板，弹出"空白桌面数据库"对话框。

③ 设置好要创建的数据库存储的路径和文件名后，单击"创建"按钮，打开"数据库"窗口。

（2）利用菜单创建空数据库的操作步骤如下。

① 在 Access 主菜单下中单击"文件"→"新建"按钮，打开"新建"窗口。

② 在"新建"窗口中，选择空白数据数据库。

③ 在弹出的对话框中，设置好要创建的数据库存储的路径和文件名后，单击"创建"按钮，打开"数据库"窗口。

（3）使用模板创建数据库的操作步骤如下。

① 在 Access 主菜单中单击"文件"→"新建"按钮，打开"新建"窗口。

② 在界面的中间部分，"可用模板"和"office.com"中有许多模板可以选择。

③ 选择合适的数据库模板。

④ 在弹出的对话框中设置好要创建数据库的存储路径和文件名后，单击"创建"按钮，打开"数据库"窗口。

4．使用数据库

1）数据库的打开

Access 2013 提供了 3 种方法来打开数据库。

① 在数据库存放的路径下找到所需要打开的数据库文件，直接双击即可打开。

② 在 Access 2013 中单击"文件"→"打开"按钮；先选定保存数据库文件的文件夹，再输入要打开的数据库文件名，选定文件类型，单击"打开"按钮，数据库文件将被打开。

③ 在最近使用过的文档中快速打开。

2）数据库的关闭

数据库的关闭有以下几种操作方法。

① 单击"文件"→"关闭"按钮。

② 单击"数据库"窗口中的"关闭"按钮。

③ 按 Alt+F4 组合键关闭数据库。

1. 实验内容

（1）创建"学籍管理"数据库，其表结构如表 7.1 所示。

表 7.1　"学籍管理"数据库

学　　号	姓　名	性别	出生日期	班　级	政治面貌	本学期平均成绩
2015101	赵一民	男	98-9-1	计算机 15-4	团员	89
2015102	王林芳	女	98-1-12	计算机 15-4	团员	67
2015103	夏林	男	98-7-4	计算机 15-4	团员	78
2015104	刘俊	男	97-12-1	计算机 15-4	团员	88
2015105	郭新国	男	98-5-2	计算机 15-4	团员	76
2015106	张玉洁	女	97-11-3	计算机 15-4	团员	63
2015107	魏春花	女	98-9-15	计算机 15-4	团员	74
2015108	包定国	男	98-7-4	计算机 15-4	团员	50
2015109	花朵	女	98-10-2	计算机 15-4	团员	90

（2）删除第 5 个记录，再将其追加进去。

（3）查询数据库中"本学期平均成绩"高于 70 分的女生，并将其"学号"、"姓名"、"本学期平均成绩"打印出来。

（4）将"学籍管理"数据库按平均成绩从高到低的顺序重新排列，并在打印输出的报表中显示"学号"、"姓名"、"性别"、"成绩"字段。

2. 操作步骤

（1）创建"学籍管理"数据库。创建空白数据库的方法如下。

① 启动 Access 2013，进入如图 7.1 所示的界面。

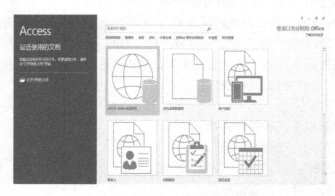

图 7.1　Access 2013 的开始使用界面

单击"空白桌面数据库"按钮，如图 7.2 所示。

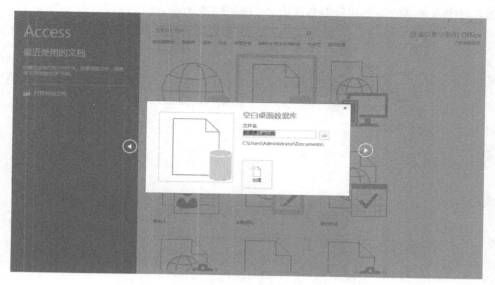

图 7.2　添加空白桌面数据库

在弹出的"空白桌面数据库"对话框中输入文件名、选择文件存放位置，这里应注意文件名要和所建立的数据库内容相关，文件保存位置可以通过浏览选择。单击"创建"按钮，如图 7.3 所示。

图 7.3　新建数据库窗口

② 在图 7.3 中，左边显示表 1，右边有"ID"和"单击以添加"。在创建表时选择"表设计"，或在现有表上右击，弹出快捷菜单，然后选择"设计视图"选项，系统首先提示用户对表 1 进行重命名，这里命名为"学籍管理"，然后打开设计视图进行数据表结构设计。设置学籍档案的字段及其数据类型，定义以下字段：学号，数字型，长度为长整型；姓名，短文本型，长度为 10；性别，短文本型，长度为 4；出生日期，日期/时间型；班级，短文

本型，长度为 10；政治面貌，短文本型，长度为 8；本学期平均成绩，数字型，字段大小为小数，小数位数为 1。创建好的数据表结构如图 7.4 所示。

图 7.4　数据表设计视图

③ 添加记录。在数据库窗口中双击"学籍管理"数据表，开始录入学生记录，如图 7.5 所示。完成后单击"文件"→"保存"按钮，保存此数据表，然后关闭数据表和数据库。

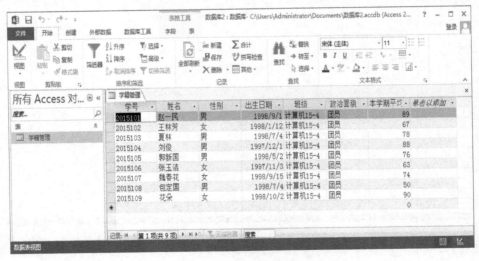

图 7.5　在表中添加记录

（2）删除第 5 个记录，再将其追加进去。

① 重新打开学籍管理表，选择要删除的记录，并在其上右击，在弹出的快捷菜单中选择"删除记录"选项，如图 7.6 所示。

图 7.6 删除表中的一条记录

② 单击"插入"→"新记录"按钮,在表的末尾用刚才添加记录的方法添加刚才删除的记录。如果要使其显示在原来的位置,可在学号所在列右击,弹出快捷菜单,选择"升序排列"选项即可,这时会按照学号从小到大升序排列。

实 验 要 求

(1)创建一个学生个人信息表。
(2)创建一个公司通信录。

实验 2 数据表的查询

实 验 学 时

实验学时:2 学时。

实 验 目 的

➢ 掌握如何创建查询;
➢ 数据库记录的排序、数据查询。

相 关 知 识

查询也是一个"表",是以用户创建的表为基础数据源的"虚表"。它可以作为表加工处理后的结果,也可以作为数据库其他对象的数据来源。查询是用来从表中检索所需要的数据,以对表中的数据加工的一种重要数据库对象。查询结果是动态的,以一个表、多个表，或查询为基础，以查询的结果作为数据集，而这一查询结果的数据集又可作为其他数据库对象的数据来源。查询不仅可以重组表中的数据，还可以通过原始表中某些字段的计算再生新的数据。

1．查询的种类

Access 中的查询包括选择查询、计算查询、参数查询、交叉表查询、操作查询和 SQL 查询。选择查询通过特定的查询条件，从一个或多个表中获取数据并显示结果；计算查询通过查询操作完成基表内部或各基表之间数据的计算；参数查询是在运行实际查询之前弹出对话框，用户可随意输入查询准则的查询方式；在一个操作中更改许多记录的查询称为操作查询，操作查询可分为删除、追加、更改与生成表 4 种类型；SQL 查询是通过 SQL 语句创建的选择查询、参数查询、数据定义查询及动作查询。

2．获得查询的方法

1）使用向导创建查询
使用向导创建查询的操作步骤如下。
① 打开要创建查询的数据库文件。
② 单击"创建"选项卡中"其他"组中的"查询向导"按钮，弹出如图 7.7 所示的对话框。
③ 在"新建查询"对话框中选择一种类型，一般选择"简单查询向导"选项，单击"确定"按钮。从图 7.7 中可以看到，"新建查询"包含 4 个查询向导：简单查询向导、交叉表查询向导、查找重复项查询向导和查找不匹配项查询向导。

图 7.7　"新建查询"对话框

简单查询向导：根据从不同的表中选择的字段创建，可用来查看特定信息的选择查询，它还可用于向其他数据库对象提供数据。

交叉表查询向导：通过该向导创建的查询，将以类似于电子表格的紧凑形式显示需要查看的数据。

查找重复项查询向导：通过该向导可在单一的表或查询表中查找具有重复字段值的记录。

查询不匹配项查询向导：该向导用于在一个表中查找另一个表中没有相关内容的记录。
"简单查询向导"比较简单，这里假设选择"简单查询向导"选项，单击"确定"按钮会弹出如图 7.8 所示的对话框。

④ 在"简单查询向导"对话框中，单击 >> 按钮将"可用字段"列表框中显示的表中的所有字段添加到"选定字段"列表框中，也可以选中某个可用字段，单击 > 按钮将其添加到"选定字段"列表框中。

⑤ 设置完成后，单击"下一步"按钮，弹出如图 7.9 所示的对话框。

⑥ 选中"明细（显示每个记录的每个字段）"单选按钮，单击"下一步"按钮，若选中"汇总"单选按钮，则单击"汇总选项"按钮，选择需要计算的汇总值，单击"确定"按钮，再单击"下一步"按钮。在"请为查询指定标题"文本框中输入标题，单击"完成"

按钮即可完成创建。

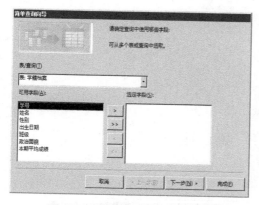 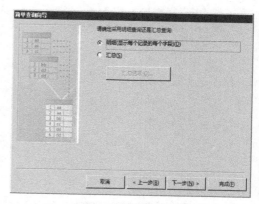

图 7.8　"简单查询向导"对话框　　　　　图 7.9　选择查询方式

2）使用查询设计器创建查询

使用设计器创建查询的操作步骤如下。

① 打开要创建查询的数据库文件，单击"创建"选项卡中"查询"组中的"查询设计"按钮，弹出"显示表"对话框，如图 7.10 所示。

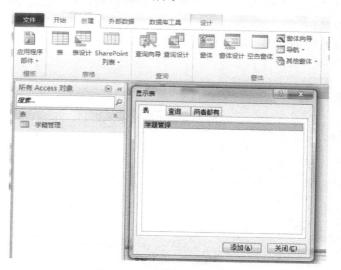

图 7.10　"显示表"对话框

② 在对话框中选择要创建查询的表，分别单击"添加"按钮，添加到"查询 1"窗口的文档编辑区中，单击"关闭"按钮。

③ 在表中分别选中需要的字段，依次拖动到设计器的"字段"行中，添加完字段后，在"表"行中自动显示该字段所在的表名称，如图 7.11 所示。

④ 右击"查询 5"，在弹出的快捷菜单中选择"保存"选项，弹出"另存为"对话框，在对话框的"查询名称"文本框中输入名称，如"学籍档案_查询"，单击"确定"按钮。

⑤ 在查询设计视图中，单击某个字段右侧的下拉按钮，在下拉列表中选择"升序"或"降序"选项，对其进行排序。

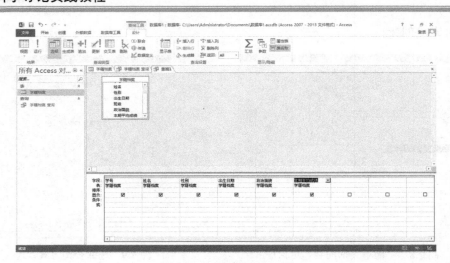

图 7.11　选择需要的字段

（1）创建"学籍管理"数据库，其表结构及创建过程在前面已经给出详细描述。最终创建的数据表如表 7.1 所示。

（2）创建"学籍管理"的查询，如图 7.12 所示。

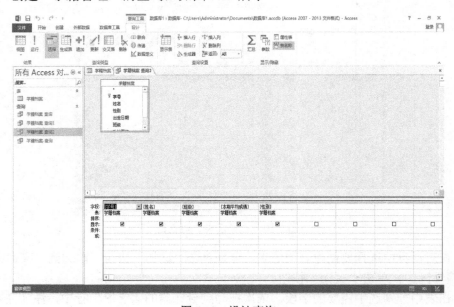

图 7.12　设计查询

打开查询页，设置查询条件 1 为"成绩≥70"和查询条件 2 为"性别=女"，如图 7.13和图 7.14 所示。在查询页上可以看到查询结果，如图 7.15 所示。

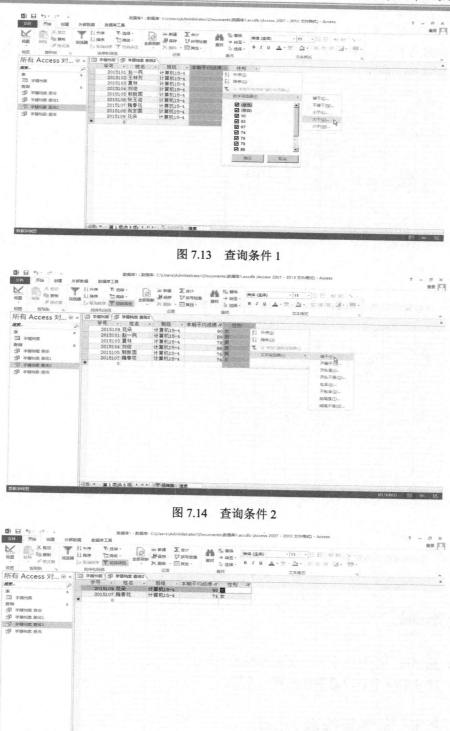

图 7.13　查询条件 1

图 7.14　查询条件 2

图 7.15　查询结果

（3）单击字段右侧的下拉按钮，在下拉列表中选择"升序"或"降序"，即可对该字段进行排序。取消查询条件 1 和查询条件 2，对该成绩表中的本学期平均成绩进行升序排列。单击字段右侧的下拉按钮，在下拉列表中选择"升序"选项，如图 7.16 所示，对其进行排序，结果如图 7.17 所示。

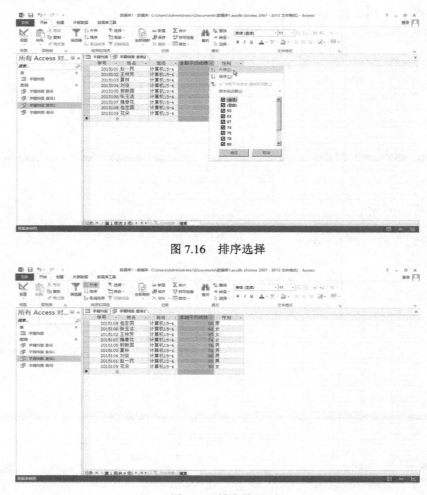

图 7.16　排序选择

图 7.17　排序结果

实验要求

（1）建立对一个学生个人信息表的相关查询。
（2）建立对一个公司通信录的相关查询。

实验 3　窗体与报表的操作

实验学时

实验学时：2 学时。

实验目的

➢　掌握如何创建窗体和报表；
➢　熟练掌握对窗体和报表的操作。

相关知识

1．窗体

窗体是一个数据库对象。窗体为数据的输入、修改和查看提供了一种灵活简便的方法，可以使用窗体来控制对数据的访问，如显示哪些字段或数据行。Access 窗体不使用任何代码就可以绑定到数据，而且该数据可以是来自于表、查询或 SQL 语句的，在一个数据库系统开发完成以后，对数据库的所有操作都是在窗体这个界面中完成的。在 Access 中，可以通过系统提供的，以及自己设计的各式各样美观大方的工作窗口，在友好的工作环境下，对数据库中的数据进行处理。窗体是 Access 数据库应用系统中最重要的一种数据库对象，它是用户对数据库中数据进行操作的最理想的工作界面。也可以说，因为有了窗体这一数据库对象，用户在对数据库操作时，界面形式美观、内容丰富，特别是对备注型字段数据的输入、OLE 字段数据的浏览更方便、快捷，窗体背景与前景内容的设置会给用户提供一个非常有亲和力的数据库操作环境，使得数据库应用系统的操纵和控制尽在"窗体"中。

创建窗体的方法有以下几种。

1）快速创建窗体

快速创建窗体的方法如下：打开要创建窗体的数据库文件，单击"创建"选项卡中"窗体"组中的"窗体"按钮即可。

2）通过窗体向导创建窗体

在向导的提示下，根据用户选择的数据源表或查询、字段、窗体的布局、样式自动创建窗体。通过窗体向导可以创建出更为专业的窗体，创建方法如下。

① 打开要创建窗体的数据库文件，单击"创建"选项卡中"窗体"组中的"窗体向导"按钮。

② 在弹出的"窗体向导"对话框中，在"可用字段"列表框中选择需要的字段，单击右箭头按钮；如果选择全部可用字段，则可单击双右箭头按钮，将选中的可用字段添加到"选定字段"列表框中，单击"下一步"按钮，弹出如图 7.18 所示的对话框。

③ 在对话框中选择合适的布局，如"纵栏表"布局，单击"下一步"按钮，弹出如图 7.19 所示的对话框。在弹出的对话框中输入标题，单击"完成"按钮即可。

3）创建分割窗体

分割窗体就是可以同时显示数据的两种视图，即窗体视图和数据表视图。创建分割窗体的方法如下。

① 打开要创建窗体的数据库文件，单击"创建"选项卡中"窗体"组中的"其他窗体"右侧的下拉按钮，选择"分割窗体"选项。

② 系统自动创建包含源数据所有字段的窗体，并以窗体和数据两种视图显示窗体，如图 7.20 所示。

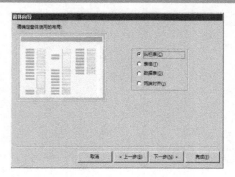 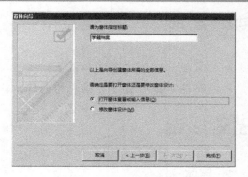

图 7.18　确定窗体使用的布局　　　　　　图 7.19　确定所用格式

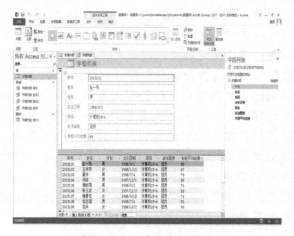

图 7.20　创建的分割窗体

4）创建多记录窗体

普通窗体中一次只显示一条记录，但是如果需要一个可以显示多个记录的窗体，可以使用多项目工具创建多记录窗体，方法如下。

① 打开要创建窗体的数据库文件，单击"创建"选项卡中"窗体"组中的"其他窗体"右侧的下拉按钮，选择"多个项目"选项。

② 系统将自动创建同时显示多条记录的窗体，如图 7.21 所示。

图 7.21　创建的多记录窗体

5）创建空白窗体

创建空白窗体的方法如下。

① 打开要创建窗体的数据库文件，单击"创建"选项卡中"窗体"组中的"空白窗体"按钮，可创建如图 7.22 所示的空白窗体。

② 在窗口右侧显示的"字段列表"窗格中的"其他表中可用字段"列表框中选择需要的字段。按住鼠标左键不放，将选择的字段拖动到空白窗体中将释放鼠标左键。添加完需要的字段后结果如图 7.23 所示。

图 7.22　创建的空白窗体

图 7.23　添加完字段的空白窗体

6）在设计视图中创建窗体

在设计视图中可以对窗体内容的布局等进行调整，还可以添加窗体的页眉和页脚等部分，创建方法如下。

① 打开要创建窗体的数据库文件，单击"创建"选项卡中"窗体"组中的"窗体设计"按钮，弹出如图 7.24 所示的带有网络线的空白窗体。

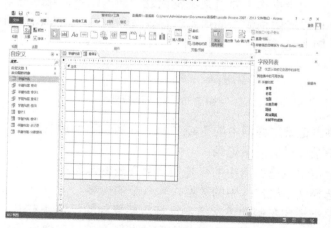

图 7.24　在"设计视图"中创建的窗体

② 在窗体的右侧出现了"字段列表"窗格，在"其他表中的可用字段"列表框中选择需要的字段，将字段拖动到窗体中的合适位置，如图 7.25 所示。

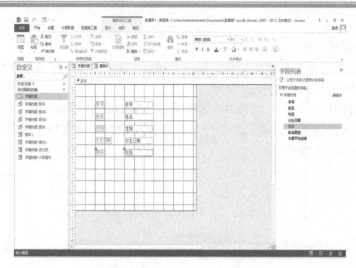

图 7.25　把需要的字段拖动到窗体中

③ 当把需要的字段都拖动到窗体中后，单击界面右下方视图选项组中的"窗体视图"按钮，即可查看窗体中的内容。

7）对窗体的操作

用户可以对窗体进行操作，主要是指对控件的操作和对记录的操作。窗体中的文本框、图像及标签等对象被称为控件，用于显示数据和执行操作，可以通过控件来查看信息和调整窗体中信息的布局。利用窗体还可以查看数据源中的任何记录，也可以对数据源中的记录进行插入、修改等操作。

（1）控件操作：控件操作主要包括调整控件的高度、宽度，添加控件和删除控件等操作。这些操作可以通过单击界面右下方视图选项组中的"布局视图"按钮，在布局视图中进行，也可以单击"设计视图"按钮，在设计视图中进行。

（2）记录操作：记录操作主要包括浏览记录、插入记录、修改记录、复制及删除记录等，通过这些操作可以对数据源中的信息进行查看和编辑，这些操作通过窗体下方的记录选择器来完成，如图 7.26 所示。

记录: ⑾ ◀ 第 2 项(共 10 项 ▶ ⑾▷ ‖ ⹁ 无筛选器 ‖ 搜索

图 7.26　记录选择器

浏览记录：单击记录选择器中的 ◀ 或 ▶ 按钮，可以查看所有记录；单击 ⑾ 或 ▷⑾ 按钮，可以查看第一条记录或最后一条记录。

插入记录：单击记录选择器中的 ▷ 按钮，会在表的末尾插入一个空白的新记录。

修改记录：选择文本框控件中的数据，输入新的内容。

复制记录：单击窗体左侧的 ▶ 按钮，选择需要复制的记录并右击，在弹出的快捷菜单中选择"复制"选项，切换到目标记录，在窗体左侧右击，在弹出的快捷菜单中选择"粘贴"选项，这样，源记录中每个控件的值都被复制到目标记录的对应控件中。

删除记录：单击窗体左侧的 ▶ 按钮，选择要删除的整条记录，按 Delete 键或者单击"开始"选项卡中"记录"组中的"删除"按钮即可。

2. 报表

报表是数据库中数据输出的另一种形式。它不仅可以将数据库中的数据分析、处理的结果通过打印机输出，还可以对要输出的数据完成分类小计、分组汇总等操作。在数据库管理系统中，使用报表会使数据处理的结果多样化。报表也是 Access 2013 中的重要组成部分，是以打印格式显示数据的可视性表格类型，可以通过它控制每个对象的显示方式和大小。

创建报表的方法如下。

1）快速创建报表

选择要用于创建报表的数据库文件，单击"创建"选项卡中"报表"组中的"报表"按钮，系统会自动创建报表。

2）创建空报表

创建空报表的方法很简单，具体操作如下。

① 打开要创建报表的数据库文件，单击"创建"选项卡中"报表"组中的"空报表"按钮。

② 系统会创建如图 7.27 所示的没有任何内容的空报表，可以按照在空白窗体中添加字段的方法为其添加字段。

图 7.27 空白报表

3）通过向导创建报表

通过向导创建报表的方法如下。

① 打开要创建报表的数据库文件，单击"创建"选项卡中"报表"组中的"报表向导"按钮。

② 在弹出的"报表向导"对话框中，在"可用字段"列表框中选择需要的字段并添加到"选定字段"列表框中，单击"下一步"按钮，弹出如图 7.28 所示的对话框。

③ 在左侧的列表框中选择字段，单击 > 按钮将其添加到右侧的列表框中，这样，选择的字段就会出现在右侧列表框的最上面，单击"下一步"按钮，弹出如图 7.29 所示的对话框。

图 7.28　"报表向导"对话框　　　　　　　　图 7.29　选择排序字段

④ 选择合适的布局方式和方向，单击"下一步"按钮。

⑤ 选择合适的样式，单击"下一步"按钮，输入文本，单击"完成"按钮，完成报表的创建。

4）在设计视图中创建报表

在设计视图中创建报表的方法如下。

① 打开要创建报表的数据库文件，单击"创建"选项卡中"报表"组中的"报表设计"按钮，系统会创建带有网络线的窗体。

② 在窗体右侧弹出"字段列表"窗格，从"字段列表"窗格中把需要的字段拖动到带有网络线的报表中。

③ 添加完成后，单击视图选项组中的"报表视图"按钮，切换到报表视图中即可查看报表。

（1）创建"学籍管理"数据库，其表结构如表 7.1 所示。

（2）对学籍管理数据库创建窗体。

任选前面所述方法中的一种来创建窗体，这里选择创建窗体中的多个项目窗体，然后选择窗口右上方的自动套用格式中的任意一种，如图 7.30 所示。

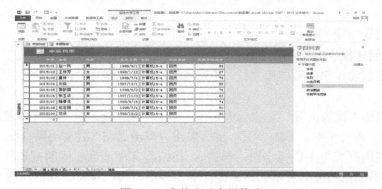

图 7.30　窗体自动套用格式

（3）在"报表向导"对话框中将要显示的"学号"、"姓名"、"性别"、"本学期平均成绩"选中后单击两次"下一步"按钮，选择按"本学期平均成绩"降序排列，如图 7.31 所示，单击"完成"按钮后即可显示报表结果。将该报表保存起来，也可打印输出。

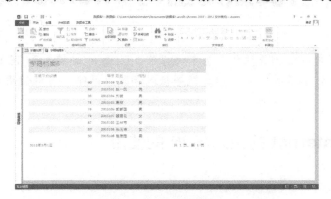

图 7.31　报表结果排序

（1）建立对一个学生个人信息表的窗体和报表。

（2）建立对一个公司通信录的窗体和报表。

第 8 章　计算机网络与 Internet 应用基础

本章主要讲述与网络相关的两个基本的操作：Internet 的接入和 IE 的使用、电子邮件的设置与收发。通过本章的学习，读者能够接入和配置网络、熟练使用电子邮箱进行邮件的收发和设置。

实验 1　Internet 的接入与 IE 的使用

实验学时

实验学时：2 学时。

实验目的

➢ 掌握通过宽带连接接入 Internet 的方法；
➢ 学会使用 IE 浏览器；
➢ 学会保存网页上的信息；
➢ 学会设置 IE 浏览器主页。

实验范例

1．宽带连接

单击任务栏中的"网络连接"图标，查看"宽带连接"图标是否存在。如果存在，则单击"连接"按钮，直接进入宽带连接页面；否则，需要先安装宽带拨号连接。

安装宽带拨号连接：选择"开始"→"控制面板"选项，打开控制面板窗口，选择"网络和 Internet"选项，再选择"网络和共享中心"选项，进入网络和共享中心页面。在"更改网络设置"中选择"设置新的连接或网络"，在"设置连接或网络"中选择"连接到 Internet"；单击"下一步"按钮，选择"宽带（PPPoE）"选项，进入拨号连接设置页面，如图 8.1 所示。

在建立连接之前，必须已经从本地的 Internet 服务供应商（ISP）得到了一个上网的账户信息，这些信息包括用户名名称和用户名密码。

（1）在"用户名"文本框中输入本地网络服务商提供的用户名。

（2）在"密码"文本框中输入本地网络服务商提供的初始密码或用户自己修改过的密码。

（3）在"连接名称"文本框中可以输入自定义的网络连接名称。

（4）上述信息填写完毕后，一个新的拨号连接就建立好了。此时，单击"连接"按钮，会打开如图 8.2 所示的窗口，进行宽带连接验证。验证成功以后，会打开如图 8.3 所示的连接设置成功窗口。

（5）当再次需要使用拨号连接时，只需在任务栏中单击"网络连接"图标，选择"宽带连接"选项，进入如图 8.4 所示的页面。

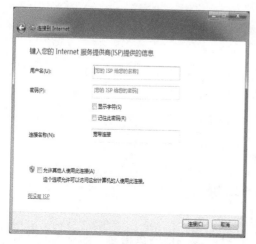

图 8.1　设置拨号连接信息

图 8.2　宽带连接验证

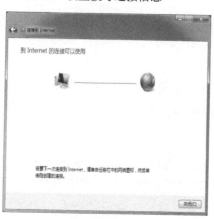

图 8.3　连接设置成功

图 8.4　宽带连接页面

（6）在宽带连接页面中输入用户名和密码，单击"连接"按钮，即可接入网络。如果需要下次快速登录，省去输入用户名和密码的步骤，则可以选中"为下面的用户保存用户名和密码"复选框，下次登录时即可省略输入密码的步骤。

2．IE 浏览器的使用

1）启动 IE 浏览器

双击桌面上的 IE 浏览器图标，或者选择"开始"→"Internet Explorer"选项，打开 IE 浏览器窗口。

2）浏览网页信息

在浏览器的地址栏中输入网络地址，访问指定的网站，这时可输入 https://hao.360.cn/，按 Enter 键，访问 360 导航页面，如图 8.5 所示。

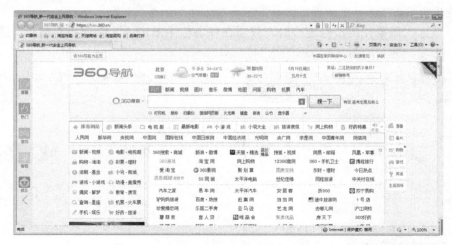

图 8.5　360 导航网站

3）收藏网页信息

单击图 8.5 页面左上角的"收藏夹"按钮，选择收藏当前网页信息，如图 8.6 所示。单击"添加"按钮，完成页面的收藏。

图 8.6　收藏 360 导航网页

4）设置浏览器主页

在浏览器窗口中选择"工具"→"Internet 选项"选项，弹出"Internet 选项"对话框，如图 8.7 所示，在"常规"选项卡中的"主页"选项组中输入具体的网络地址，单击"确定"按钮。

图 8.7　修改 IE 浏览器主页

实验 2　电子邮箱的收发与设置

实验学时

实验学时：1 学时。

实验目的

➤　学会申请一个免费的电子邮箱；
➤　学会进行简单的邮件管理；
➤　能够在线收发电子邮件。

实验范例

1. 申请一个免费邮箱

申请一个网易免费的 163 邮箱，步骤如下：

（1）在浏览器地址栏中输入 http://mail.163.com/，然后按 Enter 键，进入网易 163 免费邮界面，如图 8.8 所示。

图 8.8　网易 163 免费邮主页

（2）单击图 8.8 中的"注册"按钮，进入如图 8.9 所示的"邮箱注册"页面。在这个页面中有 3 种注册方式可以选择，用户可以根据自己的喜好进行注册，这里以"注册字母邮箱"为例。

图 8.9 邮箱注册窗口

（3）选择"注册字母邮箱"选项卡，填写相应的用户资料，如图 8.9 所示。

（4）选中"同意'服务条款'和'隐私相关政策'"复选框，单击"立即注册"按钮，163 邮箱即可注册成功，然后会进入 163 免费邮箱页面，如图 8.10 所示。

图 8.10 网易 163 邮箱页面

2. 邮件的收发

（1）单击"收件箱"按钮，进入收件箱界面，查看所有收到的电子邮件列表，如图 8.11 所示。

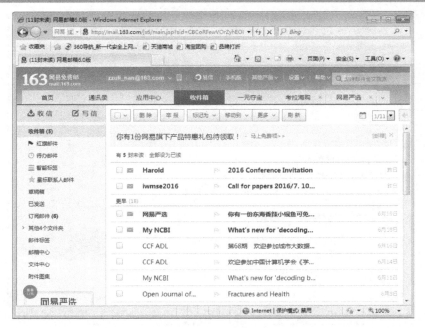

图 8.11　收件箱界面

（2）单击收件箱中的某一封邮件，即可查看此邮件的内容，如单击发件人为"网易严选"的邮件，即可查看此邮件的具体内容，如图 8.12 所示。

图 8.12　查看一封邮件的具体内容

（3）单击"写信"按钮，进入发送邮件界面，如图 8.13 所示。在收件人中输入收件人的邮箱地址，在主题中输入邮件的主题，在邮件主体部分输入邮件的内容，单击"发送"按钮，邮件即可发送到收件人的信箱中。

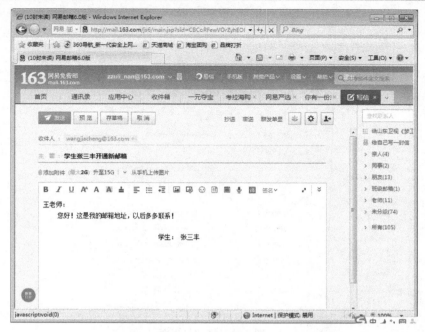

图 8.13　发送邮件

（4）添加邮件附件。在图 8.13 中，单击"添加附件"按钮，弹出选择文件对话框，如图 8.14 所示。选择要作为邮件附件上传的文件，单击"打开"按钮，如图 8.15 所示，"请假条"文件就是已经添加成功的附件，如有多个附件，则可以再次单击"添加附件"按钮，选择下一个邮件附件。

图 8.14　粘贴附件

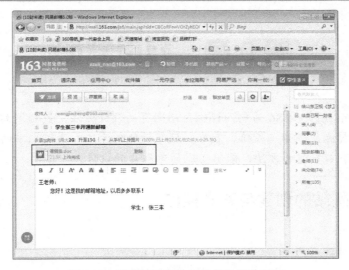

图 8.15　附件粘贴成功后的发送邮件界面

（5）创建地址簿。单击邮箱上部的"通讯录"按钮，进入通讯录的管理界面，如图 8.16 所示，单击"新建联系人"按钮，进入新建联系人界面，输入需要填写的联系人信息，如图 8.17 所示，填写完成后单击"确定"按钮，即可成功创建联系人。

图 8.16　通讯录的管理界面

图 8.17　填写新建联系人的信息

第9章　网页制作

本章以 Dreamweaver CS6 为例,详细介绍网页的设计方法,包括网站与网页的关系以及网页中文本、图像、声音、表格、表单、框架的处理方法。通过本章的学习,可使读者掌握网页设计的基本思想和方法,能够实现简单网页的设计。

实验1　网站的创建与基本操作

实验学时

实验学时:2 学时。

实验目的

➢ 熟悉 Dreamweaver CS6 的开发环境;
➢ 了解网页与网站的关系;
➢ 了解构成网站的基本元素;
➢ 掌握在网页中插入图像、文本的方法;
➢ 掌握网页中文本属性的设置方法;
➢ 了解网页制作的一般步骤。

相关知识

网站是由网页通过超级链接形式组成的。网页是构成网站的基本单位,当用户通过浏览器访问一个站点的信息时,被访问的信息最终以网页的形式显示在用户的浏览器中。网页上最常见的功能组件元素包括站标、导航栏、广告条。而色彩、文本、图片和动画则是网页最基本的信息形式和表现手段。

Dreamweaver CS6 是 Adobe 公司开发的专业网页制作软件,是当今比较流行的版本。它与 Flash CS6 和 Fireworks CS6 一起构成"网页三剑客",深受广大网页设计人员的青睐。它不仅可以用来制作兼容不同浏览器和版本的网页,还具有很强的站点管理功能,它是一款"所见即所得"的网页编辑软件,适合不同层次的人使用。

实验范例

制作一个简单的个人主页,完成后的效果如图 9.1 所示。
具体操作步骤如下。

图 9.1　个人主页

1．创建站点文件夹

创建网页前，先要为网页创建一个本地站点，用来存放网页中的所有文件。首先在本地计算机的硬盘上创建一个文件夹，如在本地磁盘 D 盘中创建一个名称为 Mypage 的文件夹，用来存放站点中的所有文件，并在该文件夹中创建一个子文件夹 Image，用来存放站点中的图像。

2．创建本地站点

启动 Dreamweaver CS6，进入 Dreamweaver CS6 的界面。选择"站点"→"新建站点"选项，弹出站点设置对话框，如图 9.2 所示。设置站点名称为"我的个人网站"，本地站点文件夹为"D:\Mypage"。选择"高级设置"选项卡，进入高级设置界面。设置默认图像文件夹为"D:\ Mypage\Image"，本地根文件夹和默认图像文件夹即为文件夹"D:\Mypage"和"D:\ Mypage\Image"，如图 9.3 所示。

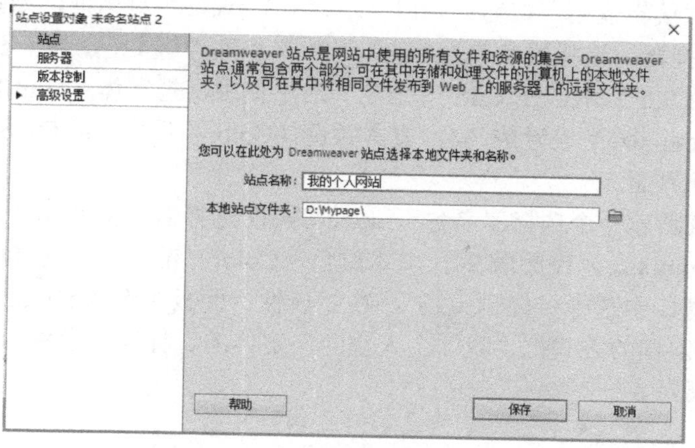

图 9.2　创建本地站点

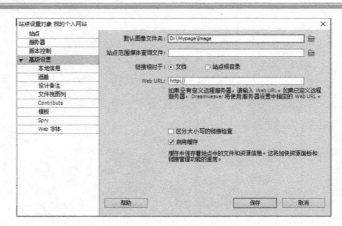

图 9.3　站点默认图像文件夹设置

3．新建文档

选择"文件"→"新建"选项，或者按 Ctrl+N 组合键，在弹出的"新建文档"对话框中选择创建一个 HTML 页面，单击"创建"按钮，即可创建一个网页文档。

4．修改网页标题并保存文档

在文档工具栏的"标题"文本框中输入网页标题，在此输入"欢迎进入我的空间"，如图 9.4 所示。输入后，按 Ctrl+S 组合键，在弹出的"另存为"对话框中，选择保存到本地站点的根目录下，并命名为"index.html"，单击"保存"按钮保存文档，文件名随即显示在应用窗口顶部标题栏的括号中。

图 9.4　设置网页的标题

5．文本的输入及设置

在第一行中输入网页的主题，如"轻舞飞扬——我的个人空间"，在"属性"面板中选中"CSS"，单击"编辑规则"按钮，弹出"新建 CSS 规则"对话框，如图 9.5 所示，选择器类型选择 ID 选择器，选择器名称为#title1，单击"确定"按钮，弹出 title1 的 CSS 规则定义对话框，如图 9.6 所示，在 CSS 规则定义对话框中，把字体（Font-family）设置为华文彩云，大小（Font-size）设置成 36，文本颜色（Color）设置为#FF6666，单击"确定"按钮返回网页设计界面。

以同样的方式新建一个选择器名称为 title2 的 ID 选择器，把字体（Font-family）设置为宋体，大小（Font-size）设置成 24，文本颜色（Color）设置为#FF9900。

在网页设计窗口中选中"轻舞飞扬"，在"属性"面板中选中"CSS"，把目标规则设置为"title1"，以同样的方式把"我的个人空间"字体的目标规则设置为"title2"。把整行文字设置成居中显示。

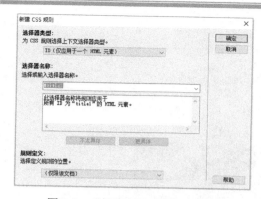 

图 9.5　"新建 CSS 规则"对话框　　　　图 9.6　CSS 规则定义对话框

按 Enter 键换行，将输入法调整为全角模式，依次输入"我的图片"、"我的音乐"、"我的作品"、"网络文摘"和"给我留言"，作为站点页面的导航栏，在每个栏目之间输入一个空格。选中所输入的文本，在文本的"属性"面板中选中 CSS，通过新建 CSS 规则新建一个名称为"navi"的 ID 选择器，然后将这个 CSS 样式的字体设置为宋体，大小为 24，颜色为#FF00CC。在"属性"面板中把文字设置成居中对齐，如图 9.7 所示。

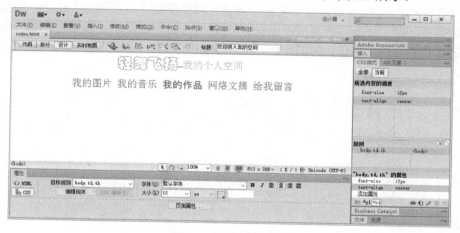

图 9.7　导航条的设置

6. 插入图像

按 Enter 键换行，选择"插入"→"图像"选项，弹出"选择图像源文件"对话框，从存放图像的文件夹中选择一个图像文件，如本例选择了"D:\ Mypage\Image\flower1.jpg"文件，单击"确定"按钮。

7. 插入水平线并输入联系方式

按 Enter 键换行，选择"插入"→"HTML"→"水平线"选项，在文档中插入水平线，并在"属性"面板中设置水平线的属性：宽度为 560 像素，高度为 2。再次按 Enter 键换行，输入文本"联系地址：郑州轻工业学院　　邮政编码：450000　　电话：0371—××××××××"。选择所有刚刚输入的文字，在"属性"面板中单击"居中对齐"按钮，将文本对齐到文档的中心。再新建一个名称为"bott"的 ID 选择器，设置字体为宋体，大小为 16，效果如图 9.8 所示。

图 9.8　网页设置效果

8．设置背景颜色

网页背景颜色默认为白色，如要修改网页背景颜色，可选择"修改"→"页面属性"选项，或者按 Ctrl＋J 组合键，或者单击"属性"面板中的"页面属性"按钮，弹出"页面属性"对话框，在"分类"列表框中选择"外观（CSS）"选项，在右侧将"背景颜色"设置为自己喜欢的与网页整体协调的颜色，如图 9.9 所示。

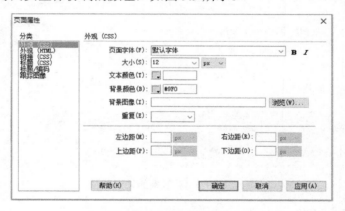

图 9.9　背景颜色的设置

9．保存文件

前面的操作执行完成后，按 Ctrl＋S 组合键保存文件。至此，一个简单的个人主页就制作完成了。

熟悉 Dreamweaver CS6 的开发环境，掌握网站创建的一般步骤，并熟悉各种网页元素的添加、设置和使用，能够进行图片、文本的添加，并设置相应的属性，能够独立完成一个个人网站的创建。

实验 2　网页中的表格和表单的制作

实验学时

实验学时：2 学时。

实验目的

➤ 掌握使用表格来排版布局网页的方法；
➤ 掌握表格属性和单元格属性的设置方法；
➤ 掌握页面属性的设置方法；
➤ 掌握图像和文本的添加方法，并能设置其属性；
➤ 掌握表单和表单对象的插入方法及其属性的设置；
➤ 掌握超级链接的建立方法；
➤ 熟悉网站的创建和打开过程。

相关知识

网页中，表格的基本操作有插入表格、表格属性设置、单元格属性设置、表格的选取、添加或删除行和列、合并及拆分单元格和在表格中插入网页元素。

在页面中添加表单传递数据需要两个步骤，一是制作表单，二是编写处理表单提交数据的服务器端应用程序或客户端脚本，通常使用 JSP、ASP.NET 等。

网站中最常见的表单应用是注册页面、登录页面等，即客户向服务器提交信息的场合。以申请论坛会员为例，用户填写好表单，单击某个按钮提交给服务器，服务器记录下用户的资料，并提示给用户操作成功的信息，还要返回给用户账号等信息，这就成功完成了一次与服务器的交互，用户登录论坛时，要填写正确的账户和密码，提交给服务器，服务器审核正确后，才允许用户登录论坛，有时候还会分配给用户一些会员才有的权限。

实验范例

1．使用表格制作网络图片

制作"我的图片"页面，效果如图 9.10 所示，并与"轻舞飞扬——我的个人空间"进行链接，具体操作步骤如下。

1）打开站点

启动 Dreamweaver CS6，进入 Dreamweaver CS6 的操作界面，选择"站点"→"管理站点"选项，弹出如图 9.11 所示的"管理站点"对话框，选择"我的个人网站"，单击"完成"按钮后打开该站点。

图 9.10　"我的图片"页面

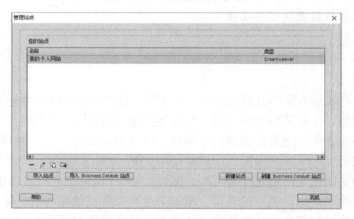

图 9.11　"管理站点"对话框

2）新建文档

选择"文件"→"新建"选项，在弹出的"新建文档"对话框中选择创建一个 HTML 格式的基本页，此时会显示一个空白网页，在"标题"文本框中输入"我的收藏——精美图片"，按 Ctrl＋S 组合键，在弹出的"另存为"对话框中，选择将文件保存到本地站点根目录下，并将文件命名为"mypicture.html"，单击"保存"按钮，保存文档。

3）插入表格

选择"插入"→"表格"选项，弹出"表格"对话框。将该对话框中的"行数"设置为 6，"列数"设置为 3，"表格宽度"设置为 600 像素，"边框粗细"设置为 0，"单元格边距"设置为 0，如图 9.12 所示。设置完成后单击"确定"按钮，在"属性"面板的"对齐"下拉列表中选择"居中对齐"，将表格对齐到文档的中心，此表格标记为表格 1。

4）合并单元格

选中表格的第一行，选择"修改"→"表格"→"合并单元格"选项，将第一行的两个单元格合并为一个单元格，如图 9.13 所示。

5）文本录入

将光标置于合并后的单元格中，输入文字"我的图片"，并在"属性"面板中新建 CSS 规则，创建一个名称为"title3"、选择器类型为 ID 选择器的 CSS 样式，文本的属性如下：字体为华文彩云，加粗，大小为 36 像素，颜色为#CC3366，对齐方式为居中。

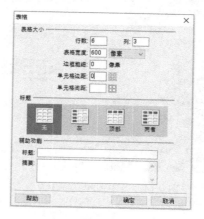

图 9.12　"表格"对话框

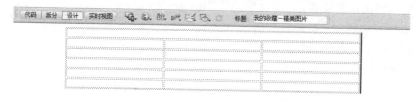

图 9.13　合并单元格

6）插入图片并录入文本

将光标置于第 2 行第 1 列中，选择"插入"→"图像"选项，弹出"选择图像源文件"对话框，从该文件夹中选择一个图像并插入，调整图片的大小。

将光标置于第 2 行第 2 列中，输入与图片配套的诗词题目与作者，在"属性"面板中新建 CSS 规则，创建一个名称为"title4"、选择器类型为类选择器的 CSS 样式，文本的属性如下：字体为隶书，加粗，大小为 18 像素，颜色为黑色，对齐方式为居中。在第 2 行第 3 列中，输入诗词的内容，并在"属性"面板中新建 CSS 规则，创建一个名称为"content"、选择器类型为类选择器的 CSS 样式，文本的属性如下：字体为隶书，大小为 16 像素，颜色为黑色，对齐方式为居中。

用同样的方式，向其余各行中插入图片，录入文本，并设置文本的格式，如图 9.14 所示。

7）设置表格的背景与页面的背景

将光标置于表格边框中并单击，下方将弹出表格的"属性"面板。在"属性"面板中，设置背景颜色为#CCFFCC。

在页面任一空白处单击，在下方的"属性"面板中单击"页面属性"按钮，弹出"页面属性"对话框，设置其背景颜色与表格的背景颜色一样，即为#CCFFCC，如图 9.15 所示。

图 9.14　表中图和文字的设置

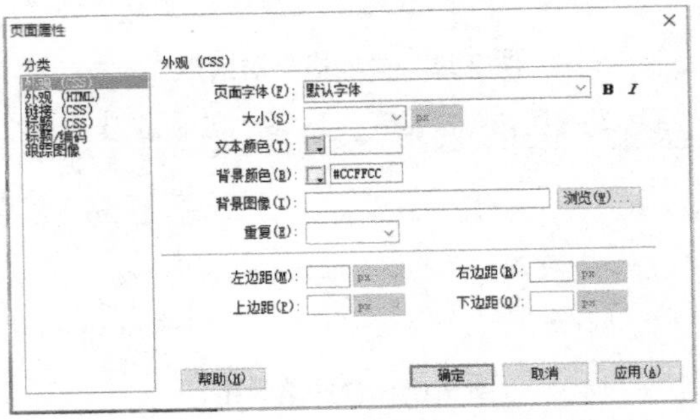

图 9.15　页面背景颜色的设置

8）保存文件并浏览

按 Ctrl＋S 组合键保存文件。按 F12 键，在浏览器中浏览网站，效果如图 9.10 所示。

9）创建超级链接并保存文件

打开网页文件"index.html"，在文档窗口中选择导航栏中的文本"我的图片"，在"属性"面板中单击"链接"文本框右侧的浏览按钮，在弹出的"选择文件"对话框中选择链接的目标文件"mypicture.html"，单击"确定"按钮。继续在"属性"面板的"目标"下拉列表中选择链接的打开为"_blank"，按 Ctrl＋S 组合键保存文件。在浏览器中浏览该页面，可以看到已经为"我的图片"创建了超级链接，单击该链接文字即可进入图片页面。

可以按照上面介绍的方法继续创建"我的音乐"、"我的作品"、"网络文摘"和"给我留言"页面，并与"轻舞飞扬——我的个人空间"进行链接。

2．使用表单制作会员注册页面

在登录网站的时候，常常需要用户注册个人信息，这种页面的制作需要用到表单。这里将用表单制作一个如图 9.16 所示的简单的会员注册页面。

图 9.16　一个简单的会员注册页面

具体操作步骤如下。

1）创建本地站点

和本章实验 1 中创建站点的操作方法相同，先在本地计算机的硬盘中创建一个文件夹，如"D:\ Member_registration"，用来存放站点中的所有文件。在该文件夹中创建一个子文件夹 Image，用来存放站点中的图像。打开 Dreamweaver CS6，新建站点并命名为"会员注册"，将本地根文件夹和默认图像文件夹设置为之前创建的文件夹。

2）新建文档

新建一个 HTML 文档，在"标题"文本框中输入"填写注册信息_注册"。

3）设置页面属性

选择"修改"→"页面属性"选项，弹出"页面属性"对话框，在"分类"列表框中选择"外观（CSS）"选项，在右侧将"大小"设置为 12 像素，"文本颜色"设置为#003399，"背景颜色"设置为#EBF2FA，"上边距"和"左边距"均设置为 0 像素，如图 9.17 所示。

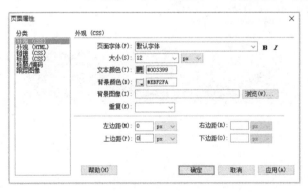

图 9.17　"页面属性"对话框

4）保存文档

按 Ctrl＋S 组合键，将文件保存到本地站点根目录下，命名为"zhuce.html"。

5）插入表格

将光标置于文档窗口中，选择"插入"→"表格"选项，弹出"表格"对话框。设置"行数"为 1，"列数"为 1，"表格宽度"为 720 像素，"边框粗细"为 0，"单元格边距"

为 0，"单元格间距"为 0，单击"确定"按钮。在"属性"面板中将表格对齐到文档中心，此表格标记为表格 1。

6）插入图片

将光标置于表格中，选择"插入"→"图像"选项，弹出"选择图像源文件"对话框，找到图片所在文件夹，选择一个图片并插入，调整图片的大小。

7）插入表单

将光标置于表格的右边，选择"插入"→"表单"→"表单"选项，即可在文档中插入显示为红色虚线框的表单，如图 9.18 所示。

图 9.18　表单的插入

8）在表单中插入表格

将光标置于表单中，选择"插入"→"表格"选项，弹出"表格"对话框。设置"行数"为 10，"列数"为 3，"表格宽度"为 480 像素，"边框粗细"为 0，"单元格边距"为 0，"单元格间距"为 5，单击"确定"按钮。在"属性"面板中将表格对齐到文档中心，此表格标记为表格 2，如图 9.19 所示。

图 9.19　在表单中插入表格

9）输入文本

将光标置于表格 2 的第 1 行第 1 列中，输入文本"用户名"，并调整好单元格的宽度，文本对齐方式设置为右对齐。同样，在第 1 列下边的 7 行中分别输入"性别"、"密码"、"确认密码"、"兴趣爱好"、"联系电话"、"通信地址"和"电子邮箱"，如图 9.20 所示，并将第一列的文本对齐到单元格的右侧。

图 9.20　表单中表格第一列的设置

10）插入单行文本域

调整表格第 2、3 列的宽度后，将光标置于第 1 行第 3 列中，选择"插入"→"表单"→"文本域"选项，在表单中插入一个单行文本域。在"属性"面板中将"字符宽度"设置为 20，"最多字符数"设置为 12。

11）插入单选按钮

将光标置于第 2 行第 3 列中，选择"插入"→"表单"→"单选按钮"选项，在表单中插入一个单选按钮。在"属性"面板中将"初始状态"设置为"已勾选"。

将光标置于单选按钮后，选择"插入"→"图像"选项，插入一个小图标，再输入一个空格，在空格后边输入"男"，如图 9.21 所示。

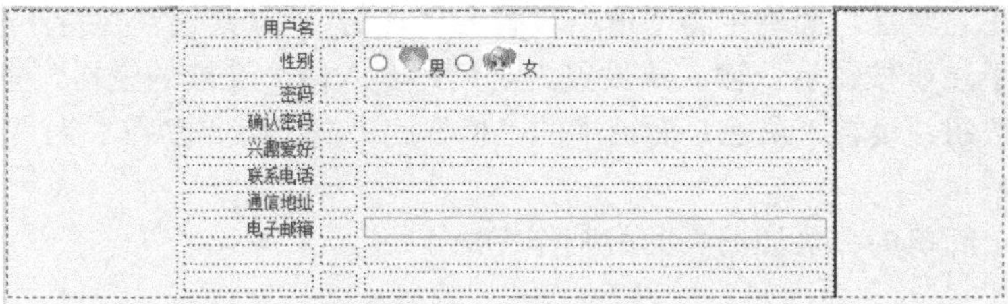

图 9.21　单选按钮的插入及设置

重复上述操作，插入另一个单选按钮，在"属性"面板中将"初始状态"设置为"未选中"，并添加图像和文本，设置文本为"女"。

12）插入密码域

将光标置于第 3 行第 3 列中，选择"插入"→"表单"→"文本域"选项，在表单中插入一个单行文本域。在"属性"面板中将"字符宽度"设置为 20，"最多字符数"设置为 18，选择"密码"类型。在第 4 行第 3 列中做相同的操作。

13）插入复选框

将光标置于第 5 行第 3 列中，选择"插入"→"表单"→"复选框"选项，在表单中插入一个复选框。将光标置于复选框后，输入文本"旅游"。

在文本"旅游"后，重复上述步骤，插入 4 个复选框，并输入相应文本，如图 9.22 所示。

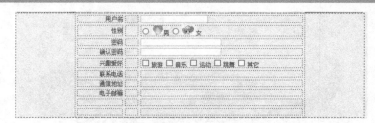

图 9.22   复选框的插入

14）插入单行文本域

重复步骤 10）的操作，分别在第 6～8 行的第 3 列中插入一个单行文本框，在"属性"面板中将"字符宽度"设置为 20，"最多字符数"设置为 20。对于第 8 行第 3 列的单行文本框，在"属性"面板的"文本域"中输入"email"，并在"初始值"文本框中输入符号"@"，如图 9.23 所示。

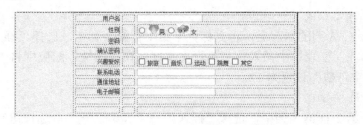

图 9.23   插入电子邮件地址文本域

15）插入注册按钮和清除按钮

将光标置于第 10 行第 3 列中，选择"插入"→"表单"→"按钮"选项，在表单中插入一个按钮。在"属性"面板中将"值"设置为"注册"，其余设置保持不变。

将光标置于注册按钮后，输入法设置为全角，输入两个连续的空格，重复上一步骤，再次插入一个按钮，设置"属性"面板中的"值"为"清除"，"动作"为"重设表单"，如图 9.24 所示。

至此，一个简单的会员注册页面就制作完成了。

图 9.24   按钮的设置

熟练掌握表格的添加、设置方法，掌握表单及表单元素的添加和设置方法，能够独立运用表格和表单的相关技术来排版布局网页，并创建一个新会员注册网页，链接到本章实验 1 的个人网站中。

实验 3 框架网页的创建

实验学时

实验学时：2 学时。

实验目的

➢ 理解框架集与框架的概念；
➢ 掌握框架的基本分布结构和各个框架页面之间的相互联系；
➢ 能够利用框架结构创建框架页面。

相关知识

框架是指浏览器窗口被分为几个区域分别显示不同内容的页面布局方式。与表格布局不同的是，框架是将浏览器窗口分为几个不同的区域，在不同的区域中可以显示不同网页文档的内容，从而可以对每个区域中显示的内容进行单独控制，并且在页面上某个区域的内容发生改变时，其他区域的内容可以保持不变。

框架集文件简单来说就是框架的集合，它记录了页面内的每一个框架的信息，包括它们如何在页面中显示，以及每个框架中要显示页面的超级链接。

一个框架集文件用<frameset>标签标识，它包括了其中的框架大小和位置等信息，一个框架用<frame>标签标识，它包括了要在这个框架中显示页面的超级链接和其他信息。

实验范例

采用框架结构创建一个如图 9.25 所示的简单的个人网上书屋。

图 9.25 框架结构的网上书屋页面

具体操作步骤如下。

（1）创建本地站点。

（2）新建框架。

选择"文件"→"新建"选项，新建一个空白的 HTML 文档，选择"插入"→"HTML"→"框架"选项，在框架中可以选择需要的框架类型，在本例中插入上方及左侧嵌套，如图 9.26 所示。单击"创建"按钮，即可创建框架集页面。每个框架的标题使用默认设置。

图 9.26　新建框架集

（3）保存文档，修改网页标题。

选择"文件"→"保存全部"选项，在弹出的"另存为"对话框中，依次将框架集网页和框架网页命名为"all_start.html"、"main.html"、"left.html"和"top.html"，并保存在本地站点的根目录下。

（4）制作上方框架中的网页。

① 设置页面属性：将光标置于上方框架中，选择"修改"→"页面属性"选项，弹出"页面属性"对话框，在"分类"列表框中选择"外观（CSS）"选项，在右侧将"背景颜色"设置为#33CCFF，"上边距"和"下边距"设置为 0，如图 9.27 所示。

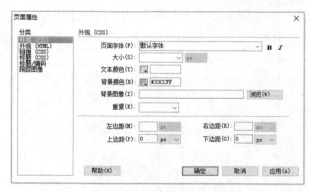

图 9.27　页面属性设置

② 输入文本：输入网页的主题，如"我的书屋"，在"属性"面板中新建 CSS 规则，创建一个名称为"title5"、选择器类型为 ID 选择器的 CSS 样式，设置文本的字体为隶书，大小为 48，文本颜色为#CC0099，居中显示。

（5）制作左框架中的网页。

① 设置页面属性：将光标置于左侧框架中，选择"修改"→"页面属性"选项，弹出"页面属性"对话框，在"分类"列表框中选择"外观（CSS）"选项，在右侧将"背景颜色"设置为#33CCFF，"上边距"和"下边距"设置为0。

② 录入文本，并调整左框架大小：依次录入"文学"、"社科"、"生活"、"外语"、"计算机"等文本作为图书的分类目录，在"属性"面板中设置文本属性，字体为隶书，大小为18像素，颜色为#FFFFFF。

向右拖动左边框架边框，改变左框架的大小，以适应文字的大小。

③ 设置左框架的属性：在代码视图中选择框架对应的代码，选择左框架，在"属性"面板中将"滚动"设置为"自动"，如图9.28所示。

图 9.28　左框架属性的设置

（6）制作主框架中的网页。

① 设置页面属性：将光标置于主框架中，选择"修改"→"页面属性"选项，弹出"页面属性"对话框，在"分类"列表框中选择"外观（CSS）"选项，在右侧将"背景颜色"设置为# 33FFFF。

② 插入表格：将光标置于右框架中，选择"插入"→"表格"选项，弹出"表格"对话框，设置"行数"为3，"列数"为1，"表格宽度"为480像素，"边框粗细"为0，"单元格边距"为0，"单元格间距"为0。单击"确定"按钮，创建表格。在"属性"面板的"对齐"下拉列表中选择"居中对齐"，将表格对齐到文档中心。

③ 填充表格：在表格的第一行中输入文本"文学书籍"，设置文本属性，字体为隶书，大小为36像素，颜色为黑色，居中对齐。

在表格第二行中插入一个文学方面书籍的图片。

在表格第三行中录入一些推荐的书目信息，并设置相应的文本格式，如图9.29所示。

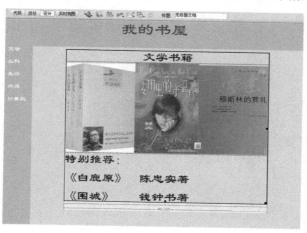

图 9.29　主框架网页

④ 保存该框架页面：选择"文件"→"框架另存为"选项，将文件命名为"r1.html"，保存在本地站点的根目录下。

⑤ 重复以上步骤，制作主框架中的其他网页，即"r2.html"～"r7.html"。

（7）创建超级链接。

在左侧框架中选中文本"文学"，在"属性"面板的"链接"文本框中输入"r1.html"，"目标"设置为"mainframe"，创建左侧框架页面与主框架页面的超级链接。

用相同的方式创建文本"社科"、"生活"等与其他对应网页的超级链接。

至此，一个框架网页集就制作完成了。

实验要求

了解框架集与框架的概念，能够独立使用上方固定、左侧嵌套的框架结构创建一个学科介绍网站，使用户可以在左侧框架中选择自己要关注的学科，在主框架中对该学科的情况做简单介绍。

第 10 章　常用工具

本章将介绍一键 GHOST 与 FinalData、WinRAR、视频编辑专家、光影魔术手等 4 个常用软件。通过本章的学习，读者可以掌握这 4 个软件的用途和操作方法，为今后计算机的使用提供帮助和解决办法。

实验 1　一键 GHOST 与 FinalData

实验学时

实验学时：1 学时。

实验目的

➢ 熟悉一键 Ghost V2016. 02.16 的用途和使用方式；
➢ 学会使用一键 Ghost V2016. 02.16 进行系统盘的一键备份和一键恢复；
➢ 熟悉 FinalData 的用途和使用方法；
➢ 学会使用 FinalData 进行文件恢复、Office 文档恢复以及电子邮件恢复。

相关知识

GHOST 是由赛门铁克(Symantec)公司推出的一个用于系统、数据备份与恢复的工具。它可以把一个磁盘上的全部内容复制到另外一个磁盘上，也可以把磁盘内容复制为一个磁盘的镜像文件，以后可以用镜像文件创建一个原始磁盘的副本。它可以最大限度地减少安装操作系统的时间，并且多台配置相似的计算机可以共用一个镜像文件。

FinalData 是一款功能非常强大的数据恢复工具，当文件被误删（并从回收站中清除）、FAT 表或者磁盘根区被病毒侵蚀造成文件信息全部丢失、物理故障造成 FAT 表或者磁盘根区不可读，以及磁盘格式化造成的全部文件信息丢失之后，FinalData 都能够通过直接扫描目标磁盘抽取并恢复文件信息。

实验范例

1. 一键 Ghost V2016. 02.16 的安装及使用

（1）下载并安装一键 Ghost V2016. 02.16。从网站上下载一键 Ghost V2016. 02.16，并双击进行安装，安装界面如图 10.1 所示。

（2）运行一键 GHOST V2016. 02.16。双击桌面上的"一键 GHOST"图标，弹出"一键恢复系统"对话框。此时，可以选中"一键备份系统"单选按钮对系统进行备份，也可以选中"一键恢复系统"单选按钮将系统恢复到以前某个时间点的状态。下面以"一键恢复"为例来进行说明。如图 10.2 所示，选中"一键恢复系统"单选按钮，然后单击"恢复"按钮，则进入如图 10.3 所示的界面，执行系统恢复过程，此时等待系统恢复完成即可。

图 10.1　一键 GHOST 安装界面

图 10.2　"一键恢复系统"对话框

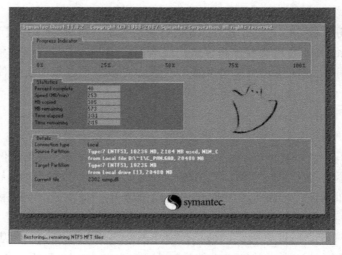

图 10.3　一键恢复正在执行

2. FinalData 的使用

从网站上下载 FinalData 软件，并进行安装。当遇到需要使用已经彻底删除或格式化的数据或文件时（例如，删除了文件或文件夹并清空了回收站、立刻删除暂不放在回收站中的文件、删除感染病毒的文件、格式化了有重要数据的硬盘分区等），可以使用 FinalData 进行恢复。具体的恢复步骤如下。

（1）打开 FinalData 软件，单击"恢复删除/丢失文件"按钮，如图 10.4 所示。

（2）单击"恢复丢失数据"按钮，如图 10.5 所示。

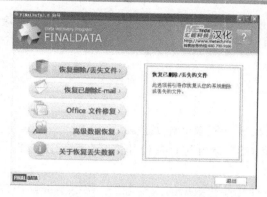

图 10.4　FinalData 操作界面

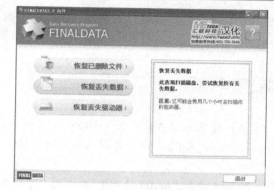

图 10.5　选择恢复丢失数据

（3）搜索需要恢复文件的硬盘分区，如图 10.6 所示。单击"扫描"按钮，开始进行扫描，如图 10.7 所示。

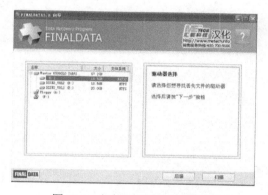

图 10.6　扫描要恢复的硬盘分区

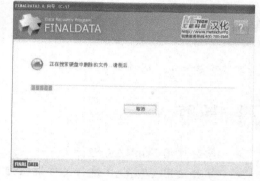

图 10.7　扫描硬盘分区正在进行中

（4）扫描完成后，选择已搜索出的文件进行恢复。在搜索出的文件中（图 10.8），找到所需文件并选中，单击"恢复"按钮即可。

图 10.8　扫描出的文件

类似的，若要通过 FinalData 进行 Office 文档修复，则应在 FinalData 主界面中单击

"Office 文件修复"按钮；要进行已删除电子邮件的恢复，应在图 10.4 中单击"恢复已删除 E-mail"按钮。

实 验 要 求

（1）能够独立操作一键 GHOST 与 FinalData 软件完成上述实验。

（2）通过实验，用户可以体会使用一键 GHOST 软件进行备份和恢复与手动操作的不同之处。

（3）通过对 FinalData 软件的使用，了解各种文件和数据的恢复方法，熟练掌握操作方式。

实验 2　WinRAR

实 验 学 时

实验学时：1 学时。

实 验 目 的

➢ 学会使用 WinRAR 进行文件压缩；

➢ 学会使用 WinRAR 进行文件解压缩。

相 关 知 识

较大的文件在移动存储或转发的时候通常会遇到移动存储设备（如 USB 闪存盘）等容量不足的问题，用文件的压缩程序可以解决这个问题。一般文件经过压缩后体积会缩小到原来的 70%～10%，如果压缩后一张磁盘还放不下，压缩软件还可以把它分到几张磁盘中。文件压缩后变成 RAR 或其他类型的压缩文件，再运行压缩程序可以对其解压缩，恢复成原来的样子。文件还可以压缩成自解压文件（EXE 文件），直接运行即可解压缩。常用的文件压缩软件有 WinZip、WinRAR 等。其中，WinRAR 体积小、使用方便，本实验主要介绍它的使用方法。

实 验 范 例

本实验将以 WinRAR 为例，介绍文件的压缩、解压缩的方式。

（1）从网站上下载压缩解压缩软件 WinRAR。双击 WinRAR 安装程序，打开如图 10.9 所示的窗口。安装程序的默认位置为 C:\Program Files\WinRAR，用户可以自己选择安装位置，也可以不做改变，单击"安装"按钮，根据提示完成安装操作。

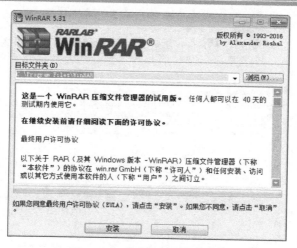

图 10.9　WinRAR 的安装窗口

（2）压缩文件。在完成 WinRAR 软件安装后，有两种方法可以进行文件的压缩操作。
第一种方法的操作步骤如下。

① 选中要压缩的文件，这里指选中文件夹"uTorrent"。

② 右击，弹出如图 10.10 所示的快捷菜单，选择"添加到 uTorrent.rar"选项，则生成
的压缩结果如图 10.10 所示。

图 10.10　添加压缩文件

第二种方法的操作步骤如下。

① 选择"开始"→"所有程序"→"WinRAR"→"WinRAR"选项，即可进入 WinRAR
的主界面，如图 10.11 所示。

② 选择"命令"→"添加文件到压缩文件"选项或单击工具栏中的"添加"按钮，屏
幕将弹出如图 10.12 所示的"压缩文件名和参数"对话框。

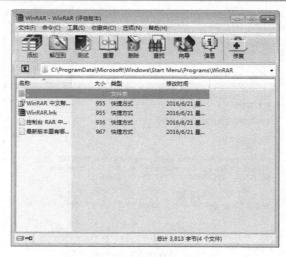

图 10.11　WinRAR 界面

　　③ 在"常规"选项卡中的"压缩文件名"文本框中直接输入压缩后的文件名，则压缩后的文件以该文件名保存在默认文件夹中。也可以单击"浏览"按钮选择保存路径。以在默认文件夹下输入"YASUO.rar"为例，如图 10.12 所示。
　　③ 在"文件"选项卡中的"要添加的文件"的右侧单击"附加"按钮，在弹出的对话框中选择要压缩的文件（或文件夹），如图 10.13 所示。

图 10.12　"压缩文件名和参数"对话框

图 10.13　"请选择要添加的文件"对话框

　　④ 单击"确定"按钮，压缩结果如图 10.14 所示。
　　（3）解压缩文件。对文件进行解压缩同样也有两种方法。
　　第一种方法的操作步骤如下。
　　① 选中要进行解压缩的文件，这里选中"uTorrent.rar"。
　　② 右击，弹出如图 10.15 所示的快捷菜单，选择"解压到 uTorrent\(E)"选项，生成的压缩结果如图 10.15 所示。

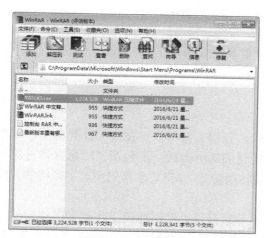

图 10.14　压缩结果

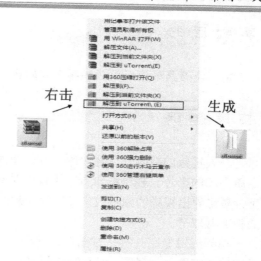

右击　　　生成

图 10.15　将文件进行解压缩

第二种方法的操作步骤如下。

① 选中要解压的文件，再选择"命令"→"解压到指定文件夹"选项，或单击工具栏中的"解压到"按钮，屏幕上将弹出如图 10.16 所示的"解压路径和选项"对话框。

② 系统在"目标路径"中输入默认的解压路径，可以自己在文本框中输入文件存放路径，也可在下拉列表中进行选择。以默认的解压路径进行解压，结果如图 10.17 所示。

图 10.16　"解压路径和选项"对话框

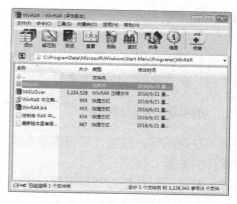

图 10.17　解压后的界面

能够独立使用 WinRAR 进行文件的压缩和解压缩。

实验 3　视频编辑专家

实验学时：1 学时。

实验目的

➤ 能够熟练使用视频编辑专家的各种功能编辑视频。

相关知识

个人视频的新时代已经来临，在这个时代，任何人都可以坐在家用计算机前，制作出品质高超的影片。视频编辑专家不仅仅是对素材的简单合成，还包括了对原有素材的再加工，最终导出视频的独特效果。譬如图片间的转场特效、MTV 字幕同步、字幕特效、简单的视频截取等。

视频编辑专家其实是对图片、视频、音频等素材进行重组编码工作的多媒体软件。重组编码是将图片、视频、音频等素材进行非线性编辑后，根据视频编码规范进行重新编码，转换成新的格式，如 VCD、DVD 格式，这样的图片、视频、音频无法被重新提取出来，因为已经转化为新的视频格式，发生了质的变化。

视频编辑专家的另一个重要技术特征在于，它除了是专业的视频编辑软件之外，还具有为原始图片添加各种多媒体素材的功能，例如，为图片配置音乐、添加 MTV 字幕效果、各种相片过渡转场特效等。

实验范例

本实验将练习使用视频编辑专家进行视频编辑，熟练掌握视频分割与合并、视频转换、视频切割、配音配乐、添加字幕等功能。

1．视频编辑专家的安装

（1）在浏览器上搜索"视频编辑专家"，下载软件并安装，如图 10.18 所示，按照提示完成软件的安装。

（2）打开已安装好的视频编辑专家，其主界面如图 10.19 所示。

图 10.18　官网首页

图 10.19　视频编辑专家主界面

2．视频的编辑与转换

（1）选择主界面中的"编辑与转换"选项，选择需要转换成的文件格式（即目标文件格式，如要生成 AVI 格式的视频，如图 10.20 所示），然后单击"添加文件"按钮，添加需要转换的视频文件，如图 10.21 所示。

图 10.20　打开需要转换的视频　　　　图 10.21　已选择需要转换的视频

（2）添加视频文件完成后，单击"下一步"按钮，进入视频输出设置界面，如图 10.22 所示。此时可以设置输出目录，也可以更改目标格式，还可以单击"显示详细设置"按钮来对视频进行更为详细的设置。

（3）继续单击"下一步"按钮，等待进度条完成，即可完成整个视频格式的转换。

图 10.22　视频输出设置　　　　　　　图 10.23　视频转换进度

2．视频的分割、合并与截取

（1）有时为了方便存储或者转发，或者只需要保留一段较长的视频中的某一小段，需要将视频截取或者分割开来。在某些情况下，又需要把多段视频合并在一起。

① 在"视频编辑工具"主界面中选择"视频分割"选项，则弹出"视频分割"对话框，如图 10.24 所示，单击"添加文件"按钮，在弹出的"打开"对话框中选择视频文件，单击"打开"按钮，如图 10.25 所示。

② 之后单击"下一步"按钮，选择输入目录。此时，系统将进入"分割设置"页面，如图 10.26 所示，可以进行分割参数的设置，随后单击"下一步"按钮，此时系统将进行视频分割，等待分割进度完成即可，如图 10.27 所示。

图 10.24 "视频分割"对话框

图 10.25 添加文件

图 10.26 分割设置页面

图 10.27 视频分割进度

（2）视频合并是视频分割的反向操作，即将几个视频剪辑在一起以便于观看。

① 在主界面中选择"视频合并"选项，单击"添加"按钮，在弹出的"打开"对话框中选择需要合并的视频文件，可按住"Ctrl"键选择多个文件，单击"打开"按钮，界面如图 10.28 所示。

图 10.28 视频合并界面

② 单击"下一步"按钮，弹出视频合并列表，进入输出设置页面。单击"输出目录"选项对应的文件夹按钮，在弹出的对话框中选择保存位置，并单击"保存"按钮，输入要合并的文件的名称，也可以更改目标文件格式，如图 10.29 所示。

③ 单击"下一步"按钮，此时，系统将进行视频合并，并显示合并进度和详细信息，等待其完成即可，如图 10.30 所示。

图 10.29　视频合并输出设置　　　　　　　图 10.30　视频合并进度

（3）视频截取是截取视频中的一段加以保留，截掉视频中不需要的部分。

① 在主界面中选择"视频文件截取"选项，添加要截取的视频文件，设置输出目录，如图 10.31 所示。

图 10.31　视频截取

② 单击"下一步"按钮，进入截取时间界面。此时，调整进度条，设置要截取视频段落的开始时间与结束时间，单击"下一步"按钮，如图 10.32 所示。

③ 等待进度条完成，即成功截取视频为止，如图 10.33 所示。

图 10.32　设置视频截取时间　　　　　　　图 10.33　视频截取进度

实 验 要 求

能够独立使用视频编辑专家中的各种功能对视频进行编辑，如视频分割、视频截取、视频合并、添加字幕、添加配乐等。

实验 4　光影魔术手的使用

实 验 学 时

实验学时：1 学时。

实 验 目 的

> ➢　学习光影魔术手的使用方法；
> ➢　能够使用光影魔术手为照片添加边框；
> ➢　能够使用光影魔术手对照片显示效果进行编辑调整；
> ➢　能够使用光影魔术手为照片添加文字；
> ➢　能够使用光影魔术手对多张照片进行批量处理。

相 关 知 识

光影魔术手是一款针对图像画质进行改善提升及效果处理的软件。其简单、易用，不需要任何专业的图像技术就可以制作出专业胶片摄影的色彩效果，且其批量处理功能非常强大，具有对摄影作品进行快速后期处理和图片快速美容等功能，能够满足大部分人对照片后期处理的需要。

实 验 范 例

从网站上下载光影魔术手安装文件，双击文件进行安装，安装完成后运行的主界面如图 10.34 所示。

图 10.34　光影魔术手的主界面

（1）使用光影魔术手添加边框。

① 在光影魔术手编辑窗口中打开一张素材照片，选择"边框"选项，展开"边框"卷展栏，如图 10.35 所示。选择需要的边框，如这里选择"轻松边框"，展开轻松边框的素材栏，如图 10.36 所示。

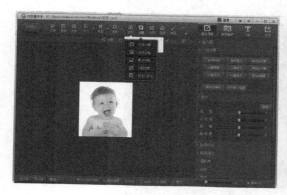 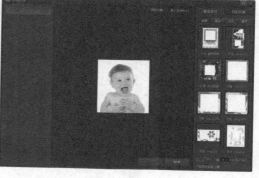

图 10.35　边框　　　　　　　　　　　图 10.36　轻松边框的素材列表

② 在素材列表中选择自己需要的边框，即可看到边框预览效果，如图 10.37 所示。

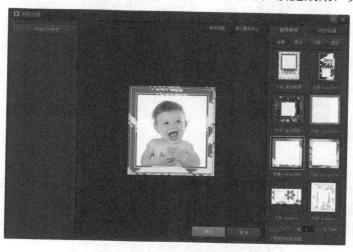

图 10.37　添加边框后的效果

（2）使用光影魔术手处理图片效果。

① 在光影魔术手编辑窗口中打开一张素材照片，然后在编辑窗口的右侧选择"数码暗房"选项，选择自己想要的效果，这里选择"数字滤色镜"，其效果如图 10.38 所示。某些效果可根据需要调整参数，如"滤镜"和"透明度"。

② 单击"确定"按钮后，再打开"胶片效果"中的"负片效果"，分别调整"暗部细节"和"亮部细节"，并单击"确定"按钮执行操作。两种叠加的最终效果如图 10.39 所示。

③ 处理完毕后，单击"保存"按钮保存图片文件即可。

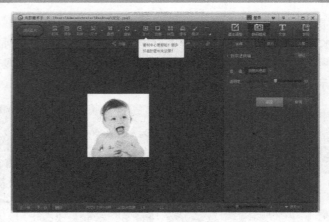

图 10.38　数字滤色镜

图 10.39　叠加效果

（3）批处理照片。

① 单击光影魔术手照片预览区右上方的下拉按钮，打开下拉列表，可以看到"日历"、"抠图"、"批处理"等多个选项，选择"批处理"选项，弹出批处理任务栏，单击下方的"添加"按钮添加照片，可以按住 Ctrl 键一次性打开多张图片，如图 10.40 所示。

图 10.40　打开多张素材照片

② 打开待处理的图片后，单击"下一步"按钮，打开批处理动作窗口，如图 10.41 所示。在右边的"请添加批处理动作"工具栏中单击"添加水印"按钮，如图 10.42 所示。

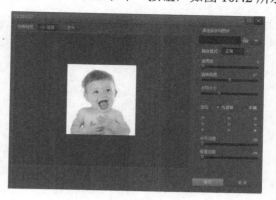

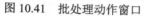

图 10.41　批处理动作窗口　　　　　　　　图 10.42　添加水印

③ 选择计算机中保存的水印图片，调整水印的融合模式、透明度、旋转角度、大小及位置等，如图 10.43 所示。

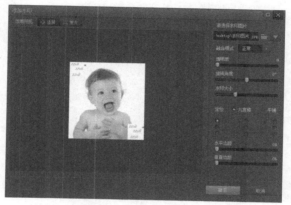

图 10.43　添加水印的参数设置

④ 调整完毕后单击"确定"按钮，然后单击"下一步"按钮，选择输出路径并命名输出文件，设置其输出格式，如图 10.44 所示。设置完成后单击"开始批处理"按钮，单击"确定"按钮，即可完成照片的批量处理。

图 10.44　输出设置

实验要求

　　光影魔术手还具有剪裁图片、多张照片拼图、画笔、抠图、添加文字等功能，熟练使用这些功能，熟练掌握各种图片的处理动作。

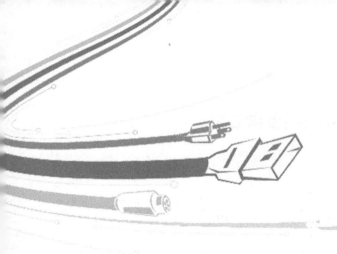

第 2 部分

习题参考答案

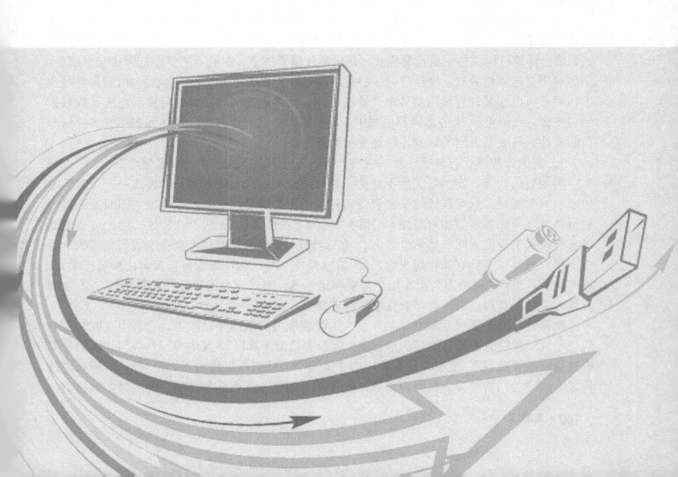

第 1 章　概述习题参考答案

一、选择题

1. B	2. B	3. B	4. C	5. A
6. D	7. D	8. A	9. A	10. D
11. D	12. A	13. C	14. C	15. B
16. A	17. D	18. B	19. D	20. C

二、简答题

1. 一个完整的微机系统包括硬件系统和软件系统两大部分。

硬件系统包括五大部分：控制器、运算器、存储器、输入设备和输出设备。控制器是计算机的"神经中枢"，用于分析指令，根据指令要求产生各种协调各部件工作的控制信号；运算器的主要功能是进行算术及逻辑运算，是计算机的核心部件；存储器的功能是存放程序和数据；输入设备用来输入程序和数据；输出设备用来输出计算结果，即将其显示或打印出来。

软件系统可分为系统软件和应用软件两大部分。系统软件是为使用者能方便地使用、维护、管理计算机而编制的程序的集合。应用软件则主要面向各种专业应用和某一特定问题的解决，一般指操作者在各自的专业领域中为解决各类实际问题而编制的程序。

2. 计算机应用系统中数据与应用程序的分布方式称为计算机应用系统的计算模式。传统的计算模式分为单主机计算模式、分布式客户机/服务器计算模式和浏览器/服务器计算模式。单台计算机构成单主机计算模式，在这种计算模式下，主机不需要通过网络获得服务，全部利用自己本机的软、硬件资源（CPU、内存等）完成计算任务。在客户机/服务器模式中，用户可以通过计算机网络共享计算机资源，计算机之间通过网络可协同完成某些数据处理工作。在浏览器/服务器计算模式中，用户可以在任何地方进行操作而不用安装任何专门的软件，只要能上网的地方，就能使用服务器。

3. 新的计算模式有普适计算、网络计算、云计算、人工智能、物联网等。

所谓普适计算，指的是无所不在的、随时随地可以进行计算的一种方式——无论何时何地，只要需要，就可以通过某种设备访问到所需的信息。它有两个特征，即间断连接、轻量计算（即计算资源相对有限），同时具有如下特性：① 无所不在特性：用户可以随地以各种接入手段进入同一信息世界；② 嵌入特性：计算和通信能力存在于我们生活的世界中，用户能够感觉到它和作用于它；③ 游牧特性：用户和计算均可按需自由移动；④ 自适应特性：计算和通信服务可按用户需要和运行条件提供充分的灵活性和自主性；⑤ 永恒特性：系统在开启以后再也不会死机或需要重启。

网格计算就是通过互联网来共享强大的计算能力和数据存储能力。它利用互联网把分散在不同地理位置的计算机组织成一个"虚拟的超级计算机"，其中每一台参与计算的计算机就是一个"结点"，而整个计算是由成千上万个"结点"组成的"一张网格"，所以这种计算方式称为网格计算。其特点是数据处理能力超强，能充分利用网上的闲置处理能力，很好的高可扩展性，由异构资源组成。

　　云计算是一种按使用量付费的模式，这种模式提供可用的、便捷的、按需的网络访问，进入可配置的计算资源共享池（资源包括网络、服务器、存储、应用软件、服务），这些资源能够被快速提供，只需投入很少的管理工作，或与服务供应商进行很少的交互。其特点如下：基于使用的支付模式、可扩展性和弹性、厂商的大力支持、高可靠性、高的效率与低的成本。

　　4．微型计算机的升级换代主要有两个标志：微处理器的更新和系统组成的变革。

　　5．计算机的发展分为 4 个发展阶段。

　　第一个发展阶段：1946～1956 年，电子管计算机的时代。1946 年，第一台电子计算机问世，它由冯·诺依曼设计。其占地 170m^2，功耗为 150km，其运算速度慢，是计算机发展史上的一个里程碑。

　　第二个发展阶段：1956～1964 年，晶体管的计算机时代。

　　第三个发展阶段：1964～1970 年，集成电路与大规模集成电路的计算机时代。

　　第四个发展阶段：1970～现在，超大规模集成电路的计算机时代。

　　6．目前，计算机的发展趋势主要有如下几个方面。

　　（1）多极化。

　　除了向微型化和巨型化发展之外，中小型计算机也各有自己的应用领域和发展空间。特别是在注意运算速度提高的同时，提倡功耗小、对环境污染小的绿色计算机和提倡综合应用的多媒体计算机已经被广泛应用，多极化的计算机家族还在迅速发展中。

　　（2）网络化。

　　网络化就是把各自独立的计算机用通信线路连接起来，形成各计算机用户之间可以相互通信并能使用公共资源的网络系统。网络化能够充分利用计算机的宝贵资源并扩大计算机的使用范围，为用户提供方便、及时、可靠、广泛、灵活的信息服务。

　　（3）多媒体化。

　　媒体可以理解为存储和传输信息的载体，文本、声音、图像等都是常见的信息载体。过去的计算机只能处理数值信息和字符信息，即单一的文本媒体。近几年发展起来的多媒体计算机则集多种媒体信息的处理功能于一身，实现了图、文、声、像等各种信息的收集、存储、传输和编辑处理，被认为是信息处理领域在 20 世纪 90 年代出现的又一次革命。

　　（4）智能化。

　　智能化虽然是未来新一代计算机的重要特征之一，但现在已经能看到它的许多踪影，如能自动接收和识别指纹的门控装置、能听从主人语音指示的车辆驾驶系统等。使计算机具有人的某些智能将是计算机发展过程中的下一个重要目标。

　　（5）新型化。

　　新一代计算机将把信息采集、存储处理、通信和人工智能结合在一起。新一代计算机将由以处理信息数据为主转向以处理知识信息为主，并有推理、联想和学习等人工智能方面的能力，能帮助人类开拓未知领域。

　　三、答案略。

第 2 章　计算基础习题参考答案

一、选择题

1. D　　　2. B　　　3. B　　　4. B　　　5. A
6. A　　　7. A　　　8. A　　　9. B　　　10. D
11. B　　　12. D　　　13. C　　　14. A　　　15. B
16. B　　　17. A　　　18. C　　　19. A　　　20. C

二、简答题

1. 数制，也称为进位计数制，是按进位的方法进行计数，用一组固定的符号和统一的规则来表示数值的方法。一种进位计数制由 3 部分组成：数码、基数和位权值。

2. 计算机中采用二进制数具有如下优点。

（1）二进制数只需要使用两个不同的数字符号，任何具有两种不同状态的物理器件都可以用二进制表示。

（2）采用二进制，用逻辑上的"1"和"0"表示电信号的高低电平，既适应了数字电路的性质，又使用了逻辑代数作为数学工具，为计算机的设计提供了方便。

（3）从运算操作的简便性上考虑，二进制也是最方便的一种计数制。

（4）计算机采用二进制数可以节省存储器件。

3. 计算机中信息的常用存储单位有位、字节和字。$1KB=1024B=2^{10}B$，$1MB=2^{20}B$、$1GB=2^{30}B$。

4. 汉字在计算机内部存储、传输和检索的代码称为机内码，也称为汉字内码。

由于汉字的输入码、字形码和机内码都不是唯一的，不便于不同计算机系统之间的汉字信息交换，为此我国制定了国标码，在国标码中为每个汉字规定了唯一的区号和位号。一个汉字所在的区号和位号合并起来就组成了该汉字的区位码。利用区位码可方便地换算为机内码：

高位内码 = 区号 + 20H + 80H，低位内码 = 位号 + 20H + 80H。

三、计算题

1. $(12369)_{10}=(1000000010001)_2=(10021)_8=(1011)_{16}$。

2. $(F56C)_{16}=(1111\ 0101\ 0110\ 1100)_2=(172554)_8$。

3. 1011011×1011=1111101001

```
          1011011
          1011011
        +1011011
        11111 01 001
```

4. ① 101101100 AND 111110111=101100100。

② 101101100 OR 111110111=111111111。

③　¬101101100 =010010011。

④　101101100 EOR 111110111=010011011。

5．(322.8125)$_{10}$=(101000010.1101)$_2$=0.1010000101101*2^{1001}。

　　规格化的浮点格式表示：00001001 0000000000001010000101101。

6．(−110.0101)$_2$= −0.1100101 *2^{11}。

　　规格化的浮点格式表示：00000011 1000000000000000001100101。

7．(96)$_{10}$=(1100000)$_2$，其原码、反码、补码见下表。

十进制数	原码	反码	补码
+96	01100000	01100000	01100000
−96	11100000	10011111	10100000

8．根据补码运算的特征：×的补码的补码为原码。对 11000110 再求一次补码即可得到原码。11000110 的补码为 10111010，则其真值为−58。

9．(32)$_{10}$=(100000)$_2$，(89)$_{10}$=(1011001)$_2$。

由式[32−89]$_{补}$= [32]$_{补}$+[−89]$_{补}$，则 8 位补码计算过程如下。

正数的原码、反码、补码相同，32 的原码为 00100000；

负数的原码、反码、补码不同。−89 的原码为 11011001，反码为 10100110，补码为 10100111；

由式 32 − 89 = 32 + (− 89)，则 8 位补码计算的竖式如下：

$$
\begin{array}{r}
0\,0\,1\,0\,0\,0\,0\,0 \\
+\quad 1\,0\,1\,0\,0\,1\,1\,1 \\
\hline
1\,1\,0\,0\,0\,1\,1\,1
\end{array}
$$

结果的符号位为 1，即为负数。由于负数的补码原码不同形，所以再将其求补即可得到其原码为 1 0 1 1 1 0 0 1，转换为十进制数即为−57。

10．(+11011001)$_2$=(217)$_{10}$，8421BCD 码表示为 0010 0001 01111。

第3章 计算机组成习题参考答案

一、填空题

1. 控制器、运算器、存储器、输入设备和输出设备。
2. 控制器和运算器。
3. 主存储器和辅助存储器。
4. 随机存储器、只读存储器和 CMOS 存储器。
5. 系统软件和应用软件。
6. 系统总线、内部总线和外部总线。
7. 数据总线、地址总线和控制总线。

二、简答题

1. 计算机硬件系统由 5 部分组成，包括控制器、运算器、存储器、输入设备和输出设备。控制器通过发送信号到其他子系统实现各个子系统的控制操作；运算器负责执行算术和逻辑运算的部件；存储器用于存储大量的程序和数据；输入设备用于输入数据的部件，是人、外部事务与计算机进行交互的部件；输出设备是用于计算机内数据的输出，可将数据和信息以数字、图像、声音、字符等形式表现出来。

2. 常见的计算机输入设备有键盘、鼠标、扫描仪、摄影头、麦克风、条形码输入器等，输出设备有显示器、音箱、打印机、绘图仪等。

3. 计算机硬件是计算机进行各项任务的物质基础，具有原子特性；计算机软件是指计算机所需的各种程序及有关资料，是计算机的灵魂。计算机的硬件和软件是计算机系统中互相依存的两大部分，它们的关系主要体现在以下几个方面。

（1）硬件和软件互相依存。计算机硬件是软件赖以工作的物质基础，软件的正常工作是在硬件的合理设计和正常工作的情况下进行的；计算机硬件系统需要配备完善的软件系统才能正常工作，发挥硬件的各种功能。"裸机"是无法进行任何工作的。

（2）硬件和软件无严格界线。随着计算机技术的发展，计算机的某些功能既可以由硬件实现，也可以由软件来实现。因此，从这个意义上说，硬件与软件之间没有绝对严格的界限。

（3）硬件和软件协同发展。计算机软件随硬件技术的迅速发展而发展，而软件的不断发展与完善又促进了硬件的更新，两者发展密不可分，缺一不可。

4. 总线是计算机中信息和数据传输或交换的通道。

5. 找一台计算机，对照教材中的图进行辨认，这里不再赘述。

6. 指挥计算机执行某种基本操作的选项称为指令，是让计算机完成操作的依据。指令规定了计算机执行操作的类型和操作数，是能被计算机识别并执行的二进制码。一条指令规定了一种操作，指令是由一个字节或多个字节组成的。CPU 能执行的各种不同指令的集合称为 CPU 的指令集。

7. 计算机进行工作时根据程序编排的顺序，一步一步地取出指令，自动完成指令规定操作的过程。其首先由输入设备接收外界信息（程序和数据），控制器发出指令将数据送入（内）存储器，然后向内存储器发出取指令选项；在取指令选项下，程序指令逐条送入控制器；控制器对指令进行译码，并根据指令的操作请求向存储器和运算器发出存数、取数选项和运算选项，经过运算器计算并把计算结果保存在存储器内；最后在控制器发出的取数和输出选项的作用下，通过输出设备输出计算结果。

8．计算机性能评价的指标主要包括主频、字长、存取周期、存储容量、I/O 速度、外设扩展能力、系统可靠性、可维护性、兼容性等。

第4章　计算机网络习题参考答案

一、选择题

1. D	2. D	3. D	4. D	5. D
6. D	7. C	8. C	9. C	10. C
11. C	12. C	13. D	14. A	15. C
16. B	17. A	18. B	19. D	20. A
21. D	22. C	23. D	24. B	25. D
26. C	27. C	28. C	29. C	30. C

二、名词解释

① 主机：通常把 CPU、内存和输入/输出接口以及在一起构成的子系统称为主机。主机中包含了除输入/输出设备以外的所有电路部件，是一个能够独立工作的系统。这里的主机是指放在能够提供服务器托管业务单位的机房内的服务器，通过它实现与 Internet 的连接，从而省去用户自行申请专线连接到 Internet 的麻烦。数网公司是一个提供服务器托管业务的单位，拥有 China Net 的接入中心，所以被托管的服务器可以通过 100Mb/s 的网络接口连接 Internet。

② TCP/IP：包含了一系列构成 Internet 通信基础的通信协议。这些协议最早发源于美国国防部的 DARPA 互联网项目。TCP/IP 代表了两个协议：TCP 和 IP，是 Internet 最基本的协议、Internet 国际互联网络的基础，由网络层的 IP 协议和传输层的 TCP 协议组成。TCP/IP 定义了电子设备如何连入因特网，以及数据如何在它们之间传输的标准。协议采用了 4 层的层级结构，每一层都呼叫它的下一层所提供的网络来完成自己的需求。通常而言：TCP 负责发现传输的问题，一旦有问题就发出信号，要求重新传输，直到所有数据安全正确地传输到目的地。而 IP 是给因特网的每一台计算机规定一个地址。

③ IP 地址：尽管 Internet 上连接了无数的服务器和计算机，但它们并未处于杂乱无章的无序状态，而是每一个主机都有唯一的地址，作为该主机在 Internet 上的唯一标识，这个标识称为 IP 地址。它是分配给主机的 32 位地址，是一串 4 组由圆点分割的数字组成的，其中每一个数字都在 0 至 255 之间，如 202.196.14.222 就是一个 IP 地址，它标识了在网络上的一个结点，并且指定了在一个互联网络上的路由信息。

Internet 上的每台主机都有一个唯一的 IP 地址。

④ 域名：IP 地址是 Internet 上互连的若干主机进行内部通信时，区分和识别不同主机的数字型标志，这种数字型标志对于上网的广大一般用户而言有很大的缺点，它既无简明的含义，又不容易被用户很快记住。因此，为解决这个问题，人们又规定了一种字符型标志，称之为域名。如同每个人的姓名和每个单位的名称一样，域名是 Internet 上互连的若干主机（或称网站）的名称。广大网络用户能够很方便地用域名访问 Internet 上自己感兴趣的网站。

从技术上讲，域名只是一个 Internet 中用于解决地址对应问题的一种方法，但是，由于

Internet 已经成为了全世界人的 Internet，域名也自然地成为了一个社会科学名词。

从社会科学的角度看，域名已成为了 Internet 文化的组成部分。

⑤ URL：统一资源定位符，也被称为网页地址，是因特网上标准的资源的地址。它最初是由蒂姆·伯纳斯·李发明的，用来作为万维网的地址，现在它已经被万维网联盟编制为因特网标准 RFC1738 了。

URL 是用于完整地描述 Internet 上网页和其他资源的地址的一种标识方法。Internet 上的每一个网页都具有一个唯一的名称标识，通常称之为 URL 地址，这种地址可以是本地磁盘，也可以是局域网上的某一台计算机，更多的是 Internet 上的站点。简单地说，URL 就是 Web 地址，俗称"网址"。

⑥ 网关：顾名思义，网关就是一个网络连接到另一个网络的"关口"，又称网间连接器、协议转换器，实质上是一个网络通向其他网络的 IP 地址。网关在传输层上可以实现网络互连，是最复杂的网络互连设备，仅用于两个高层协议不同的网络互连。网关既可以用于广域网互连，又可以用于局域网互连。网关是一种充当转换重任的计算机系统或设备。在使用不同的通信协议、数据格式或语言，甚至体系结构完全不同的两种系统之间，网关是一个翻译器。与网桥只是简单地传达信息不同，网关对收到的信息要重新打包，以适应目的系统的需求。同时，网关也可以提供过滤和安全功能。大多数网关运行在 OSI 7 层协议的顶层——应用层。

三、简答题

1．（1）Internet 发展史：参考正文，答案略。

（2）Internet 提供的服务：① 万维网速（WWW）；② 信息搜索；③ 电子邮件；④ 文件传输协议（FTP）；⑤ 远程登录（Telnet）；⑥ 电子公告牌系统（BBS）。

（3）接入 Internet 的方式：① 普通拨号方式；② ISDN；③ ADSL；④ DSL；⑤ VDSL；⑥ 光纤接入网；⑦ FTTX+LAN 接入方式。

2．WWW 是万维网（World Wide Web）的缩写。万维网是一个资料空间。在这个空间中：一种有用的事物，称为一种"资源"；并且由一个全域 URL 标识。这些资源通过超文本传输协议传送给使用者，而后者通过单击链接来获得资源。

FTP 是用于 Internet 上的控制文件的双向传输的协议。同时，它也是一个应用程序。用户可以通过它把自己的 PC 与世界各地所有运行 FTP 协议的服务器相连，访问服务器上的大量程序和信息。FTP 是在 TCP/IP 网络和 Internet 上最早使用的协议之一，它属于网络协议组的应用层。为了更好地运用网络资源，FTP 客户机可以给服务器发出选项来下载文件、上载文件，创建或改变服务器上的目录，让用户与用户之间实现资源共享。

3．IP 地址就是给每个连接在 Internet 上的主机分配一个在全世界范围内唯一的 32bit 地址。IP 地址的结构使我们可以在 Internet 上很方便地寻址。Internet 依靠 TCP/IP 协议，在全球范围内实现不同硬件结构、不同操作系统、不同网络系统的互连。在 Internet 上，每一个结点都依靠唯一的 IP 地址相互区分和相互联系。IP 地址通常用更直观的、以圆点分隔的 4 个十进制数字表示，每一个数字对应于 8 个二进制的比特串，用于标识 TCP/IP 宿主机。每个 IP 地址都包含两部分：网络 ID 和主机 ID。网络 ID 标识同一个物理网络上的所有宿主机，主机 ID 标识该物理网络上的每一台宿主机，于是整个 Internet 上的每个计算机都依靠各自唯一的 IP 地址来标识。例如，某一台主机的 IP 地址为 202.196.13.241。

　　Internet IP 地址由 Inter NIC（Internet 网络信息中心）统一负责全球地址的规划、管理；同时由 Inter NIC、APNIC、RIPE 三大网络信息中心具体负责 IP 地址分配。通常每个国家需成立一个组织，统一向有关国际组织申请 IP 地址，然后分配给客户。

　　域名在因特网上用来代替 IP 地址，因为 IP 地址没有实际含义，人们不容易记住，所以用有含义的英文字母来代替。在网络上，有 DNS（域名服务器）来进行域名与 IP 的相互转换，人们输入域名，在 DNS 上转换为 IP 地址，才能找到相应的服务器，打开相应的网页。

　　4. ① www.microsoft.com：顶级域名 com 指的是商业公司，microsoft 指的是微软公司，这个 URL 指向微软公司的网站。

　　② www.zz.ha.cn：顶级域名 cn 指的是中国，子域名 ha 指的是河南省，zz 指的是郑州市，这个 URL 指向河南省郑州市的网站。

　　③ www.zzuli.edu.cn：顶级域名 cn 指的是中国，子域名 edu 指的是教育机构，zzuli 指的是郑州轻工业学院，这个 URL 指向郑州轻工业学院的网站。

　　5. Web 服务使用的是 HTTP 协议。

　　Web 服务是简单对象访问协议的一个主要应用，通过建立 Web 服务，远程用户可以通过 HTTP 访问远程的服务。

　　Web 浏览器是用于通过 URL 来获取并显示 Web 网页的一种软件工具，Web 表现为 3 种形式，即超文本、超媒体、超文本传输协议等，主要是用来浏览 HTML 写的网站的。WWW 的工作基于客户机/服务器计算模型，由 Web 浏览器（客户机）和 Web 服务器（服务器）构成，两者之间采用超文本传送协议进行通信。在 Windows 环境中较为流行的 Web 浏览器为 Netscape Navigator 和 Internet Explorer。

　　6. 计算机网络是指将有独立功能的多台计算机，通过通信设备线路连接起来，在网络软件的支持下，实现彼此之间资源共享和数据通信的整个系统。根据其覆盖范围可分为局域网、城域网和广域网。计算机网络的基本功能是数据通信和资源共享。资源共享包括硬件、软件和数据资源的共享。

　　涉及的技术有软件方面的、硬件方面的、安全方面的、远程方面的、运营方面的、语音方面的、网站方面的和网络编程方面的。

　　其具有以下 3 个基本功能。

　　（1）信息交换：信息交换是计算机网络最基本的功能，主要完成计算机网络中各个结点之间的系统通信。用户可以在网上传送电子邮件、发布新闻消息、进行电子购物、电子贸易、远程电子教育等。

　　（2）资源共享：所谓的资源是指构成系统的所有要素，包括软、硬件资源，如计算处理能力、大容量磁盘、高速打印机、绘图仪、通信线路、数据库、文件和其他计算机上的有关信息。由于受经济和其他因素的制约，这些资源并非（也不可能）所有用户都能独立拥有，所以网络上的计算机不仅可以使用自身的资源，也可以共享网络上的资源。因而增强了网络上计算机的处理能力，提高了计算机软硬件的利用率。

　　（3）分布式处理：一项复杂的任务可以划分成许多部分，由网络内各计算机分别协作并行完成有关部分，使整个系统的性能大为增强了。

7．按地理范围分类如下。

① 局域网，局域网地理范围一般在几百米到 10km 之内，属于小范围内的网络，如一个建筑物内、一个学校内、一个工厂的厂区内等。局域网的组建简单、灵活，使用方便。

② 城域网，城域网地理范围可从几十千米到上百千米，可覆盖一个城市或地区，是一种中等形式的网络。

③ 广域网，广域网地理范围一般在几千千米左右，属于大范围网络。如几个城市，一个或几个国家，是网络系统中的最大型的网络，能实现大范围的资源共享，如国际性的 Internet 网络。

8．常见的 Internet 接入方式主要有 4 种：拨号接入方式、专线接入方式、无线接入方式和局域网接入方式。

（1）拨号接入方式：普通 Modem 拨号方式，ISDN 拨号接入方式，ADSL 虚拟拨号接入方式。

（2）专线接入方式：Cable Modem 接入方式，DDN 专线接入方式，光纤接入方式。

（3）无线接入方式：GPRS 接入技术，蓝牙技术（在手机上的应用比较广泛）。

（4）局域网接入方式：代理服务器。

9．网络拓扑结构是指用传输媒体互连各种设备的物理布局，就是用什么方式把网络中的计算机等设备连接起来。

网络拓扑结构主要有星形拓扑结构、环形拓扑结构、总线拓扑结构、分布式拓扑结构、树形拓扑结构、网状拓扑结构、蜂窝状拓扑结构等。

10．网络适配器又称网卡或网络接口卡。网络适配器的内核是链路层控制器，该控制器通常是实现了许多链路层服务的单个特定目的的芯片，这些服务包括成帧、链路接入、流量控制、差错检测等。网络适配器是使计算机联网的设备，平常所说的网卡就是将 PC 和 LAN 连接的网络适配器。网卡插在计算机主板插槽中，负责将用户要传递的数据转换为网络上其他设备能够识别的格式，通过网络介质传输。它的基本功能为从并行到串行的数据转换、包的装配和拆装、网络存取控制、数据缓存和网络信号。

网络适配器的主要作用：它是主机与介质的桥梁设备；实现主机与介质之间的电信号匹配；提供数据缓冲能力；控制数据传送，即网卡一方面负责接收网络上传过来的数据包，解包后，将数据通过总线传输给本地计算机；另一方面，它将本地计算机上的数据打包后送入网络。

网卡工作在 OSI 的最后两层：物理层和数据链路层。物理层定义了数据传送与接收所需要的电与光信号、线路状态、时钟基准、数据编码和电路等，并向数据链路层设备提供标准接口。物理层的芯片称之为 PHY。数据链路层提供寻址机构、数据帧的构建、数据差错检查、传送控制、向网络层提供标准的数据接口等功能。以太网卡中数据链路层的芯片称之为 MAC 控制器。PCI 总线连接 MAC 总线，MAC 连接 PHY，PHY 连接网线。

第5章 程序设计语言习题参考答案

1．过程式模式、面向对象模式、函数式模式和逻辑式模式。

2．抽象、封装、继承、多态。

3．算术运算、关系运算、逻辑运算。

4.计算机程序是为了让计算机执行某些操作或解决某个问题而编写的一系列有序指令的集合。程序具有以下5个性质。

（1）目的性：程序必须有一个明确的目的。

（2）分步性：程序给出了解决问题的步骤。

（3）有限性：解决问题的步骤必须是有限的。如果有无穷多个步骤，那么计算机无法实现。

（4）可操作性：程序总是实施各种操作于某些对象的，它必须是可操作的。

（5）有序性：解题步骤不是杂乱无章地堆积在一起，而是按一定顺序排列的，这是最重要的一点。

5．程序设计语言经历了从低级语言到高级语言的发展过程，低级语言包括机器语言和汇编语言。机器语言是由计算机直接使用的二进制编码指令构成的语言。汇编语言给每条机器指令分配了一个助记忆指令码，程序员可以用这些指令码代替二进制数字。高级语言是从人类的逻辑思维角度出发的计算机语言，比较接近自然语言，程序员能够用类似于英语的语句编写指令。

6．编译程序框架：

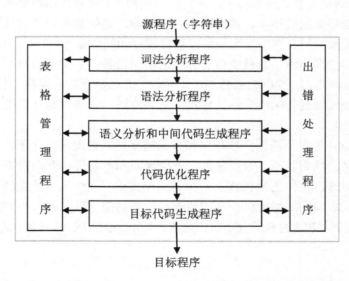

7．4种基本数据类型，即整型、浮点型、字符型和布尔型。整型表示计算机能处理的一个整数范围，这个范围的大小由表示整型的字节数来决定。浮点型表示特定精度的数的范围，和整型一样，范围的大小也由表示浮点型的字节数来决定。许多高级语言有两种类

型的浮点型，如 C 语言有单精度浮点数（float）和双精度浮点数（double）。ASCII 字符集中的字符需要用一个字节来描述，Unicode 字符集中的字符需要两个字节来描述。布尔类型只有两个值——true 和 false。如果高级程序设计语言不支持布尔型，则一般会用数值来模拟，如 C 语言在进行运算时，会用非 0 表示 true，用 0 来表示 false。运算结果如果为 true，则表示为 1；如果为 false，则表示为 0。

8．顺序结构要求程序中的各个操作按照它们出现的先后顺序执行。这种结构的特点如下：程序从入口点开始，按顺序执行所有操作，直到出口点。选择结构（也称分支结构）是指程序的处理步骤出现了分支，它需要根据某一特定的条件选择其中的一个分支执行。它包括两路分支选择结构和多路分支选择结构。任何情况下都有"无论分支多寡，必择其一；纵然分支众多，仅选其一"的特性。循环结构是指在程序设计中，从某处开始有规律地反复执行某一程序块，并称重复执行的程序块为它的循环体。

9．面向对象的特征包括：抽象、封装、继承、多态。抽象是从许多事物中舍弃个别的、非本质的特征，抽取共同的、本质性的特征。封装把数据和动作集合在一起，数据和动作的逻辑属性与它们的实现细节是分离的，实现了信息屏蔽。继承是面向对象的一种属性，即一个类可以继承另一个类的数据和方法。它支持按级分类的概念。下级的类会继承其父类的所有行为和数据。有了继承机制，应用程序就可以采用已经经过测试的类，从它派生出一个具有该应用程序需要的属性的类，然后向其中添加其他必要的属性和方法。多态是指一种语言的继承体系结构中具有两个同名方法，且能够根据对象应用合适的方法的能力。同一操作作用于不同的类的实例，将产生不同的执行结果，即不同类的对象收到相同的消息时得到不同的结果。

10．答案略。

第6章 算法与数据结构习题参考答案

1. C
2. A
3. C
4. C
5. D
6. 时间复杂度和空间复杂度
7. O(n)
8. 算法的 5 个特性如下。

（1）有穷性：算法中每条指令的执行次数是有限的，执行每条指令的时间也是有限的。

（2）确定性：组成算法的每条指令是清晰的、无歧义的。

（3）可行性：算法中的操作可以通过已经实现的基本操作运算执行有限次而完成。

（4）有输入：算法允许有多个或 0 个输入。

（5）输出：算法对数据进行处理后，至少有一个或多个输出。

9. 一个"好"的算法在设计时需要注意以下 4 个原则。

（1）算法的正确性：所设计的程序对于精心选择的典型、苛刻而带有刁难性的几组输入数据能够得到满足要求的结果。

（2）可读性：算法是为了人与人之间进行交流而设计的，所以算法要具备可读性。

（3）健壮性：对于非法的输入数据，算法能有恰当及时的反应或处理方法，而不会产生莫名其妙的输出结果。

（4）高效率和低存储：效率一般表示算法的执行时间，存储指的是算法执行时所需要的内存空间。理想状态是用最少的空间、最快的时间来完成算法的任务，但是实际上空间和时间是相互牵制的，所以在进行算法设计时只能尽量在效率和存储中找到一种平衡。

10. 4 种基本结构如下。

（1）集合结构：结构中的数据元素之间除了同属于一个集合的关系外，无任何其他关系。

（2）线性结构：结构中的数据元素之间存在着一对一的线性关系。

（3）树形结构：结构中的数据元素之间存在着一对多的层次关系。

（4）图状结构或网状结构：结构中的数据元素之间存在着多对多的任意关系。

11. 二叉树的 5 个性质如下。

性质 1：二叉树的第 i 层上至多有 2^{i-1} 个结点 $(i \geq 1)$。

性质 2：深度为 k 的二叉树至多有 $2^k - 1$ 个结点 $(k \geq 1)$。

性质 3：对任意一棵二叉树 T，若终端结点数为 n_0，而其度数为 2 的结点数为 n_2，则 $n_0 = n_2 + 1$。

性质 4：具有 n 个结点的完全二叉树的深度为 $\lfloor \log_2 n \rfloor + 1$。

性质 5：对于具有 n 个结点的完全二叉树，如果按照从上到下和从左到右的顺序对二叉树中的所有结点从 1 开始顺序编号，则对于任意的序号为 i 的结点有以下特点。

（1）如 i=1，则序号为 i 的结点是根结点，无双亲结点；如 i>1，则序号为 i 的结点的双亲结点序号为［i/2］。

（2）如 2×i>n，则序号为 i 的结点无左孩子；如 2×i≤n，则序号为 i 的结点的左孩子结点的序号为 2×i。

（3）如 2×i＋1>n，则序号为 i 的结点无右孩子；如 2×i＋1≤n，则序号为 i 的结点的右孩子结点的序号为 2×i＋1。

12．先序遍历序列：45,18,7,36,49,66。

中序遍历序列：7,18,36,45,49,66。

后序遍历序列：7,36,18,66,49,45。

按层次遍历序列：45,18,49,7,36,66。

13．邻接矩阵为

$$G = \begin{pmatrix} 0 & 1 & 0 & 1 & 0 & 0 \\ 1 & 0 & 1 & 1 & 1 & 0 \\ 0 & 1 & 0 & 0 & 0 & 1 \\ 1 & 1 & 0 & 0 & 1 & 0 \\ 0 & 1 & 0 & 1 & 0 & 1 \\ 0 & 0 & 1 & 0 & 1 & 0 \end{pmatrix}$$

邻接表为

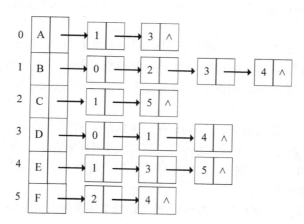

14．初始序列：（10，18，4，3，6，12，1，9，18，8）。

第 1 趟：（1，18，4，3，6，12，10，9，18，8）。

第 2 趟：（1，3，4，18，6，12，10，9，18，8）。

第 3 趟：（1，3，4，18，6，12，10，9，18，8）。

第 4 趟：（1，3，4，6，18，12，10，9，18，8）。

第 5 趟：（1，3，4，6，8，12，10，9，18，18）。

第 6 趟：（1，3，4，6，8，9，10，12，18，18）。

第 7 趟：（1，3，4，6，8，9，10，12，18，18）。

第 8 趟：（1，3，4，6，8，9，10，12，18，18）。

第 9 趟：（1，3，4，6，8，9，10，12，18，18）。

第7章 数据库技术概述习题参考答案

一、选择题

1. A   2. A   3. A   4. A   5. D
6. D   7. B   8. C   9. B   10. A

二、简答题

1. 数据库是长期存储在计算机内的、有组织的、可共享的数据集合。数据库中的数据按一定的数据模型组织、描述和存储，具有较小的冗余度、较高的数据独立性和易扩展性，并可为各种用户共享。

2. DBMS 主要提供如下功能。

（1）数据定义：DBMS 提供数据定义语言，供用户定义数据库的三级模式结构、两级映像，以及完整性约束和保密限制等。DDL 主要用于建立、修改数据库的库结构。DDL 所描述的库结构仅仅给出了数据库的框架，数据库的框架信息被存放在数据字典中。

（2）数据操作：DBMS 提供数据操作语言，供用户实现对数据的追加、删除、更新、查询等操作。

（3）数据库的运行管理：数据库的运行管理功能是 DBMS 的运行控制、管理功能，包括多用户环境下的并发控制、安全性检查和存取限制控制、完整性检查和执行、运行日志的组织管理、事务的管理和自动恢复，即保证事务的原子性。这些功能保证了数据库系统的正常运行。

（4）数据组织、存储与管理：DBMS 要分类组织、存储和管理各种数据，包括数据字典、用户数据、存取路径等，需确定以何种文件结构和存取方式在存储级上组织这些数据，如何实现数据之间的联系。数据组织和存储的基本目标是提高存储空间利用率，选择合适的存取方法提高存取效率。

（5）数据库的保护：数据库中的数据是信息社会的战略资源，所以数据的保护至关重要。DBMS 对数据库的保护通过 4 个方面来实现：数据库的恢复、数据库的并发控制、数据库的完整性控制、数据库安全性控制。DBMS 的其他保护功能还有系统缓冲区的管理以及数据存储的某些自适应调节机制等。

（6）数据库的维护：这一部分包括数据库的数据载入、转换、转储、数据库的重组和重构、性能监控等功能，这些功能分别由各个使用程序来完成。

（7）通信：DBMS 具有与操作系统的联机处理、分时系统及远程作业输入的相关接口，负责处理数据的传送。对网络环境下的数据库系统而言，还应该包括 DBMS 与网络中其他软件系统的通信功能以及数据库之间的互操作功能。

3. 数据库（DataBase，DB）：数据库是长期存储在计算机内的、有组织的、可共享的数据集合。数据库中的数据按一定的数据模型组织、描述和存储，具有较小的冗余度、较高的数据独立性和易扩展性，并可为各种用户共享。

数据库系统（DataBase System，DBS）：数据库系统是指在计算机系统中引入数据库后的系统构成，一般由数据库、数据库管理系统（及其开发工具）、应用系统、数据库管理员构成。这里要注意，数据库系统和数据库是两个概念。数据库系统是一个人-机系统，而数据库是数据库系统的一个组成部分。但是在日常工作中人们常常把数据库系统简称为数据库。希望读者能够从讲话或文章的上下文中区分"数据库系统"和"数据库"，不要引起混淆。

数据库管理系统（DataBase Management System，DBMS）：数据库管理系统是位于用户与操作系统之间的一层数据管理软件，用于科学地组织和存储数据、高效地获取和维护数据。DBMS 的主要功能包括数据定义功能、数据操纵功能、数据库的运行管理功能、数据库的建立和维护功能。DBMS 是一个大型的复杂的软件系统，是计算机中的基础软件。目前，专门研制 DBMS 的厂商及其研制的 DBMS 产品有很多。

4．数据库系统生存期一般可划分成下面 7 个阶段。

（1）系统规划：进行建立数据库的必要性及可行性研究，确定数据库系统在组织中和信息系统中的地位，以及各个数据库之间的关系。

（2）需求分析：收集数据库所有用户的信息内容和处理需求，加以规格化和分析。在分析用户要求时，要确保用户目标的一致性。

（3）概念设计：把用户的需求信息统一到一个整体逻辑结构（即概念模式）中。此结构应能表达用户的要求，且独立于 DBMS 软件和硬件。

（4）逻辑设计：此设计分成两部分，数据库结构设计和应用程序设计。这里设计的结构应该是 DBMS 能接受的数据库结构，称为逻辑数据库结构。应用程序的设计是指程序模块的功能性说明，强调主语言和 DML 的结构化程序设计。

（5）物理设计：此设计分成两部分，物理数据库结构的选择和逻辑设计中程序模块说明的精确化。这一阶段的成果是得到一个完整的、能实现的数据库结构。对模块说明的精确化是强调进行结构化程序的开发，产生一个可实现的算法集。

（6）系统实现：根据物理设计的结果产生一个具体的数据库和应用程序，并把原始数据装入数据库。应用程序的开发基本上依赖于主语言和逻辑结构，而较少地依赖于物理结构。应用程序的开发目标是开发一个可信赖的、有效的数据存取程序来满足用户的处理要求。

（7）运行和维护：这一阶段主要是收集和记录系统运行状况的数据，用来评价数据库系统的性能，更进一步用于对系统的修正。这一阶段可能要对数据库结构进行修改或扩充。

第 8 章 软件工程习题参考答案

一、选择题

1. B
2. C
3. D
4. C
5. A

二、简答题

1. 软件发展第二阶段的末期，由于计算机硬件技术的进步，计算机运行速度、容量、可靠性有了显著的提高，生产成本显著下降，这为计算机的广泛应用创造了条件。一些复杂的、大型的软件开发项目提了出来，但是，软件开发技术的进步一直未能满足发展的需要。在软件开发中遇到的问题找不到解决办法，使问题积累起来，形成了尖锐的矛盾，因而导致了软件危机。

造成软件危机的原因如下。

（1）软件的规模越来越大，结构越来越复杂。

（2）软件开发管理困难而复杂。

（3）软件开发费用不断增加。

（4）软件开发技术落后。

（5）生产方式落后。

（6）开发工具落后，生产率提高缓慢。

2. 所谓模块的独立性，是指软件系统中每个模块只涉及软件要求的具体的子功能，而和其他模块之间没有过多的相互作用。换句话说，若一个模块只具有单一的功能且与其他模块没有太多联系，那么就认为该模块具有独立性。具有独立性的模块由于接口简单，在软件开发过程中比较容易被开发，在测试时也容易被测试和维护。

一般使用两个定性标准来衡量模块的独立程度：耦合和内聚。耦合用于衡量不同模块彼此间互相依赖的紧密程度；内聚用于衡量一个模块内部各个元素彼此结合的紧密程度。

3. 程序设计小组有 3 种常见的组织形式。

（1）主程序员制小组：主程序员通常由高级工程师担任，负责小组的全部技术活动，进行任务的分配，协调技术问题，组织评审，必要时也设计和实现项目中的关键部分。程序员负责完成主程序员指派给他的任务，包括相关的文档编写。

（2）民主制小组：小组成员之间地位平等，虽然形式上有一位组长，但小组的工作目标及决策都是由全体成员集体决定的。

（3）层次式小组：一名组长领导若干名高级程序员，每名高级程序员领导若干名程序员，组长通常就是项目负责人，负责全组的技术工作，进行任务分配、组织评审。高级程序员负责项目的一个部分或一个子系统，负责该部分的分析、设计，并将子任务分配给程序员。

第 9 章　操作系统习题参考答案

一、选择题

1. D	2. A	3. D	4. D	5. B
6. D	7. D	8. C	9. A	10. B
11. A	12. D	13. B	14. B	15. A
16. C	17. B	18. D	19. B	20. D

二、简答题

1. 操作系统是裸机之上安装的第一层软件，管理着系统内所有的硬件和软件资源，同时为用户提供了方便使用计算机资源的接口，起着人机桥梁的作用。

2. 操作系统是一组能有效地组织和管理计算机硬件和软件资源，合理地对各类作业进行调度，以及方便用户使用的程序的集合。

并发指两个或两个以上的事件在同一时刻发生。

并行指两个或两个以上的事件在同一时间间隔发生。

程序仅仅是指令和数据的有序集合，是静态的。

从一个程序被选中执行，到其执行结束并再次成为一个程序的这段过程中，该段程序被称为一个作业。

进程是程序在一个数据集合上的运行过程，是系统进行资源分配和处理机调度的独立单位。或者说，进程是一个在内存中运行的作业，它是从众多作业中选取出来并装入内存中的。

死锁是指两个或两个以上的进程因为竞争资源而陷入的一种僵局，在这种僵局下，如果没有外力作用，将一直无法向前推进。

3. 分时系统和实时系统都有多路性、独立性和并发性，但分时系统指多个独立的终端用户提交的作业相互独立，并发执行，而实时系统则指收集的多路信息相互独立，而且实时系统没有交互性，对及时性要求较高。

4. 操作系统的接口是为了给用户提供一个方便使用计算机的界面而设置的。常用的操作系统接口主要有 3 种，分别是选项接口、图形用户接口和程序接口。

5. 单道程序是一次只调入一道程序到内存中执行，它独占系统的所有资源，执行结束后再执行下一道程序，整体上具有顺序性。而多道程序设计技术一次调入多道程序到内存中，它们共享系统内的所有资源，执行的过程不是一气呵成的，而是走走停停，具有并发性。

6. 分页和分区的最大区别在于分区是连续式内存分配，而分页是离散式内存分配。

7. 进程与程序的区别在于，程序是静态的，进程有自己的生命周期，会随着程序的运行而创建，随着程序的执行结束而消亡，而且它可以和其他进程并发执行，同一个程序运行在不同的数据集合上将属于不同的进程。

8.（1）就绪态。

就绪态指进程得到了除处理机之外的其他资源，只要得到处理机的调度就可以投入运行时所处的状态。

（2）执行态。

执行态指进程得到了处理机的调度正在处理机上运行时所处的状态。

（3）阻塞态。

阻塞态指因某种事件发生进程放弃处理机的使用权而进入的一种等待状态。

3 种基本状态之间的转换关系如图 9.2 所示。

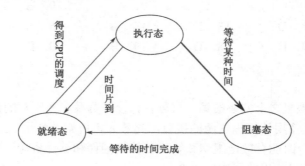

9．死锁产生的 4 个必要条件：互斥条件，请求和保持条件，不可剥夺条件及环路等待条件。

10．设备的独立性指用户编程时所使用的设备独立于具体的物理设备。优点：一是增加了设备分配时的灵活性，二是有利于 I/O 重定向。

11．微机操作系统被分成了 3 种：单用户单任务 OS，典型代表是 DOS；单用户多任务 OS，典型代表是 Windows；多用户多任务 OS，典型代表是 UNIX 和 Linux。

12．引入目录的主要目的是按名存取文件。

13．UNIX 操作系统的特性如下。

（1）UNIX 主要用 C 语言而不是特定于某种计算机系统的机器语言编写而成，这使得系统易读、易修改、易移植，可以不经较大改动就很方便地从一个平台移植到另一个平台。

（2）UNIX 有一套功能强大的工具（选项），它们能够组合起来去解决许多问题，而这一工作在其他操作系统中需要通过编程来实现。

（3）UNIX 操作系统本身就包含了设备驱动程序，具有设备无关性，可以方便地配置运行设备。

第 10 章　多媒体技术概述习题参考答案

一、选择题

1．A 　　　2．B 　　　3．A 　　　4．D 　　　5．C

二、填空题

1．色调、饱和度。
2．感觉媒体、表示媒体、显示媒体、传输媒体、存储媒体。
3．采样、量化。
4．灰度图、二值图。
5．有损压缩、无损压缩。

三、简答题

1．6K4A4V6A

这里，6K 意味着 6 个字符 K，4A 意味着 4 个字符 A。

2．一幅二值图像的二维矩阵仅由 0、1 两个值构成，"0"代表黑色，"1"代表白色，一幅 640×480 的单色图像需要占据 37.5 KB 的存储空间。由于每一像素（矩阵中每一元素）取值仅有 0、1 两种可能，所以计算机中二值图像的数据类型通常为 1 个二进制位。二值图像通常用于文字、线条图的扫描识别和图像掩模的存储。

如果每个像素的像素值用一个字节表示，灰度值级数就等于 256 级，每个像素可以是 0～255 中的任何一个值，一幅 640×480 的灰度图像就需要占据 300 KB 的存储空间。"0"表示纯黑色，"255"表示纯白色，中间的数字从小到大表示由黑到白的过渡色。在某些软件中，灰度图像也可以用双精度数据类型表示，像素的值域为[0，1]，0 代表黑色，1 代表白色，0 到 1 之间的小数表示不同的灰度等级。二值图像可以看作灰度图像的一个特例。

二者的主要区别在于位深不同，二值图只用一个 bit 表示一个像素，而灰度图一般为一个 byte。

3．HSL 和 HSV 的颜色模型比较相近，用它们来描述颜色相对于 RGB 等模型会显得更加自然。计算机绘画时，这两个模型非常受欢迎。在 HSL 和 HSV 中，H 都表示色调或色相。通常该值的取值范围是[0°，360°]，对应红-橙-黄-绿-青-蓝-紫-红这样顺序的颜色，构成一个首尾相接的色相环。色调的物理意义就是光的波长，不同波长的光呈现了不同的色调。

HSL 和 HSV 中，S 都表示饱和度（有时也称为色度、彩度），即色彩的纯净程度。从物理意义上讲，一束光可能由很多种不同波长的单色光构成，而波长越多，光越分散，则色彩的纯净程度越低，所以，单色的光构成的色彩纯净度很高。

两个颜色模型不同之处是最后一个分量。HSL 中的 L 表示亮度。HSV 中的 V 表示明度。亮度和明度的区别在于：一种纯色的明度是白色的明度，而纯色的亮度等于中灰色的亮度。

4. 像素深度（又称为位深）是指存储每个像素所用的位数，它用来度量图像的分辨率。像素深度决定了彩色图像的每个像素可能拥有的颜色数量，或者确定灰度图像的每个像素可能有的灰度级数量。例如，一幅彩色图像的每个像素用 R、G、B 三个分量表示，若每个分量用 8 位，那么一个像素共用 24 位表示，即像素的位深为 24，每个像素可以是 $2^{24} = 16\ 777\ 216$ 种颜色中的一种。表示一个像素的位数越多，它能表达的颜色数目就越多，而它的深度就越深。

虽然像素深度或位深可以设置得很大，但是一些硬件设备能够处理的颜色深度却受到了限制。例如，早期标准 VGA 支持 4 位 16 种颜色的彩色图像，多媒体应用中推荐至少用 8 位 256 种颜色。由于设备的限制，加上人眼分辨率的限制，一般情况下，不一定追求特别大的像素深度。

像素深度越大，所占用的存储空间越大。相反，如果像素深度太小，也会影响图像的质量，图像看起来很粗糙、不自然。

在用二进制数表示彩色图像的像素时，除 R、G、B 分量用固定位数表示外，往往还增加 1 位或几位作为属性位。例如，用 RGB 表示一个像素时，用 2 个字节共 16 位表示，其中 R、G、B 各占 5 位，剩余一位作为属性位。在这种情况下，像素深度为 16 位，而图像深度实际上为 15 位。

第 11 章　社会和职业问题习题参考答案

一、选择题

1．B　　　　2．D　　　　3．D　　　　4．A　　　　5．B

二、简答题

1．（1）不使用计算机伤害他人。

（2）不干预他人的计算机工作。

（3）不偷窃他人的计算机文件。

（4）不使用计算机进行偷窃。

（5）不使用计算机提供伪证。

（6）不使用自己未购买的私人软件。

（7）在没有被授权或没有给予适当补偿的情况下，不使用其计算机资源。

（8）不窃取他人的知识成果。

（9）考虑自己编写的程序或设计的系统对社会造成的影响。

（10）在使用计算机时，替他人设想并尊重他人。

2．计算机对社会发展产生的正面影响有：

（1）推动了社会生产力的发展。

（2）推动了经济发展。

（3）对人类日常生活的影响。

计算机对社会发展产生的负面影响有：

（1）淡化了人与人之间的关系。

（2）影响人们身心健康。

3．（1）未经公民许可，公开其姓名、肖像、住址和电话号码。

（2）非法侵入、搜查他人住宅，或以其他方式破坏他人居住安宁。

（3）非法跟踪他人，监视他人住所，安装窃听设备，私拍他人私生活，窥探他人室内情况。

（4）非法刺探他人财产状况或未经本人允许公布其财产状况。

（5）私拆他人信件，偷看他人日记，刺探他人私人文件内容及将它们公开。

（6）调查、刺探他人社会关系并非法公之于众。

（7）干扰他人夫妻性生活或对其进行调查、公布。

（8）将他人婚外性生活向社会公布。

（9）泄露公民的个人材料或公诸于众或扩大公开范围。

（10）收集公民不愿向社会公开的纯属个人的情况。

4．（1）隐蔽性。由于网络的开放性、不确定性、虚拟性和超越时空性等特点，使得计算机犯罪具有极高的隐蔽性，增加了计算机犯罪案件的侦破难度。罪犯可以通过反复匿名登录，几经周折，最后实现犯罪目标，而作为对计算机犯罪的侦查，就要按部就班地调查取证，等到接近犯罪的目标时，犯罪分子早已逃之天天了。

（2）跨国性。网络冲破了地域限制，计算机犯罪呈国际化趋势。因特网络具有"时空压缩化"的特点，当各式各样的信息通过因特网络传送时，国界和地理距离的暂时消失就是空间压缩的具体表现。

（3）损失大，对象广泛，发展迅速，涉及面广。随着社会的网络化，计算机犯罪的对象从金融犯罪到个人隐私、国家安全、信用卡密码、军事机密等，无所不含，而且犯罪发展迅速。近来，利用计算机犯罪的案件以每年 30%的速度递增，其中金融行业发案比例占61%，每年造成的直接经济损失近亿元，而且这类案件危害的领域和范围将越来越大，危害的程度也更严重。

（4）持获利和探秘动机居多。计算机犯罪作案动机多种多样，但是越来越多计算机犯罪活动集中于获取高额利润和探寻各种秘密。

（5）低龄化和内部人员多。主体的低龄化是指计算机犯罪的作案人员年龄越来越小和低龄的人占整个犯罪人员的比例越来越高。从发现的计算机犯罪来看，犯罪分子大多是具有一定学历，知识面较宽的，了解某地的计算机系统的，对业务比较熟练的年轻人。

（6）巨大的社会危害性。网络的普及程度越高，计算机犯罪的危害也就越大，而且计算机犯罪的危害性远非一般传统犯罪所能比拟，不仅会造成财产损失，还可能危及公共安全和国家安全。据美国联邦调查局统计测算，一起刑事案件的平均损失仅为 2000 美元，而一起计算机犯罪案件的平均损失高达 50 万美元。

第 12 章　计算机新技术习题参考答案

一、填空题

1. 结构模拟、功能模拟、行为模拟。
2. 感知层技术、网络层技术、应用层技术。
3. 多样化、海量、快速、灵活。

二、选择题

1. D　　2. D　　3. C

三、简答题

1. 人工智能是研究使计算机来模拟人的某些思维过程和智能行为（如学习、推理、思考、规划等）的学科，主要包括计算机实现智能的原理、制造类似于人脑智能的计算机，使计算机实现更高层次的应用。

2. 物联网就是物物相连的互联网，是指通过各种信息传感设备，实时采集任何需要监控、连接、互动的物体或过程等各种需要的信息，与互联网结合形成的一个巨大网络。

物联网包括感知层技术、网络层技术、应用层技术以及公共技术。

3. 大数据用来描述信息爆炸时代产生的海量数据，如企业内部的经营信息、互联网世界中的商品物流信息、互联网世界中的人与人的交互信息、位置信息等，这些数据规模巨大到无法通过目前的主流软件工具，在合理时间内达到撷取、管理、处理，并整理成为帮助企业经营决策的资讯。

"大数据"不仅有"大"这个特点，还有多样化、海量、快速、灵活、复杂等特征。

4. 云计算是基于互联网的相关服务的增加、使用和交付模式，通常涉及通过互联网来提供动态易扩展且虚拟化的资源。

反侵权盗版声明

电子工业出版社依法对本作品享有专有出版权。任何未经权利人书面许可，复制、销售或通过信息网络传播本作品的行为；歪曲、篡改、剽窃本作品的行为，均违反《中华人民共和国著作权法》，其行为人应承担相应的民事责任和行政责任，构成犯罪的，将被依法追究刑事责任。

为了维护市场秩序，保护权利人的合法权益，我社将依法查处和打击侵权盗版的单位和个人。欢迎社会各界人士积极举报侵权盗版行为，本社将奖励举报有功人员，并保证举报人的信息不被泄露。

举报电话：（010）88254396；（010）88258888

传　　真：（010）88254397

E-mail：　dbqq@phei.com.cn

通信地址：北京市万寿路 173 信箱

　　　　　电子工业出版社总编办公室

邮　　编：100036